蜜 蜂 与 养 生

房 冰 编著

江苏凤凰科学技术出版社 · 南京

图书在版编目（CIP）数据

蜜蜂与养生 / 房冰编著. -- 南京 : 江苏凤凰科学技术出版社, 2012.12（2023.5重印）
ISBN 978-7-5537-0440-1

Ⅰ. ①蜜… Ⅱ. ①房… Ⅲ. ①蜂产品－保健－基本知识 Ⅳ. ①S896

中国版本图书馆 CIP 数据核字(2012)第 294476 号

蜜蜂与养生

编　　著	房　冰
责任编辑	庞啸虎
责任监制	刘　钧
出版发行	江苏凤凰科学技术出版社
出版社地址	南京市湖南路 1 号 A 楼，邮编：210009
出版社网址	http://www.pspress.cn
印　　刷	南京百花彩色印刷广告制作有限责任公司
开　　本	718mm×1 000mm　1/16
印　　张	8.75
插　　页	16
字　　数	137 121
版　　次	2012 年 12 月第 1 版
印　　次	2023 年 5 月第 2 次印刷
标准书号	ISBN　978-7-5537-0440-1
定　　价	30.00 元

人民日报　1958年2月14日

蜜蜂——健康之友

房　柱

卫生与健康

人們都知道，蜜蜂会釀蜜造蠟，蜜蜂傳粉能使农作物增产，养蜂是一項很好的农家副業。可是，并不是人人都知道：蜜蜂的主要貢獻是維护人类健康，帮助医生防治疾病。蜜蜂的产品——蜂蜜、蜂毒、蜂乳、蜂膠、蜂蠟以及花粉等都各自具有一定的医疗性能，是防治許多难治慢性疾病的大众化天然藥物。

蜂　蜜

早在兩千年以前，我們的祖先就知道蜂蜜不仅是一种出色的滋补性食品，而且是有效藥物。"神农本草經"說它"主治心腹邪气，安五臟諸不足，益气补中，止痛解毒，除众病，和百藥，久服强志輕身，不老延年"。

蜂蜜含有六十种以上的無机和有机物質（人体各器官特别是心肌营养所必需的葡萄糖和果糖，正是蜂蜜的主要成份，蜂蜜还含有矿物鹽、有机酸、酵素、維生素以及其它对机体代謝有重要意义的物質）。但是蜂蜜的成份因蜜蜂所采集的蜜源种类不同而有差异，于是苏联科学家遵循米丘林和巴甫洛夫兩家学說，实驗用人工蜜源使蜜蜂按人們的意圖釀造出含有特殊化学和生物学成份的蜂蜜，获得了許多更适宜于医疗保健用的新品种。

內服蜂蜜，能治疗胃腸道疾病、高血压病、动脈硬化、心臟病、肝臟病、……羔，功效比凡士林还高。中医傳統应用的"煉蜜为丸法"（煎蜜去水后搗和藥粉为丸）是很合理的，蜜丸可久存不坏，服时極易消化吸收。

蜂　毒

許多人怕蜜蜂，因为它螫人很痛。奇怪的是，还有些人故意讓蜜蜂刺螫，这是什么道理呢？原来蜜蜂螫人的同时还向皮膚里注入一种毒素，这是一种治疗性毒素，能治疗許多疾病。

人們很早就知道蜂螫能治疗疾病。近年来，在苏联等許多国家里，医学家配合养蜂家对蜂毒治病进行研究，确定它是治疗風湿等疾病的極有价值的藥物。

最先發現蜂螫能治風湿病的是維也納著名医生菲里昔·切尔奇，他曾經是風湿病患者，偶遇蜂螫而治愈，因此他才注意到蜂毒的医疗性能，在1888年曾發表用蜂螫治愈一百七十三例風湿病患者的科学論文。此后，許多医学家和养蜂家的無数次观察証实蜂毒对風湿病确有……

1958年，房柱教授在《人民日报》发表《蜜蜂——健康之友》，简明文稿呈报朱德委员长，朱德委员长为蜜蜂题词，并致信党中央毛主席，提倡大力发展养蜂业。1960年，房柱教授赴北京出席全国文教卫生群英会，应周恩来总理的邀请参加大会举行的国宴

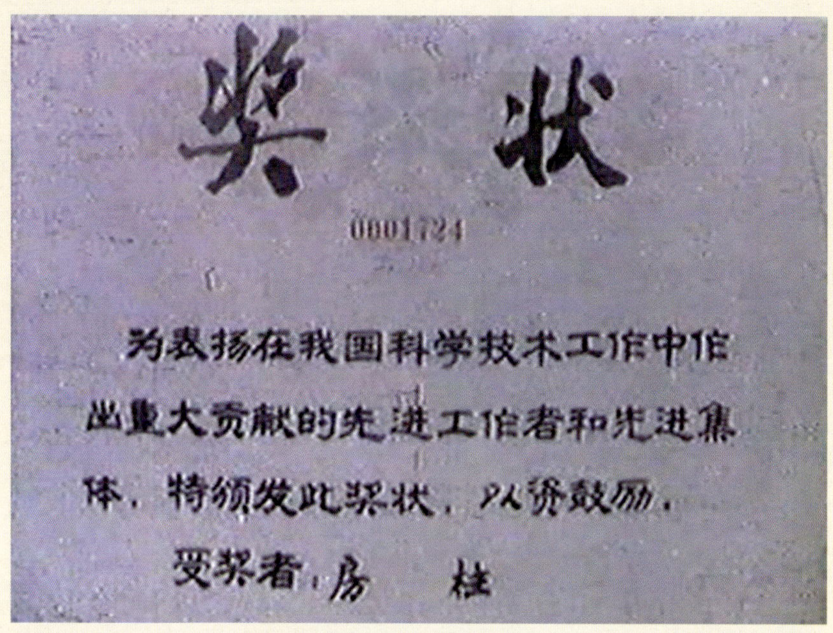
奖 状

0001724

为表扬在我国科学技术工作中作出重大贡献的先进工作者和先进集体，特颁发此奖状，以资鼓励。

受奖者：房 柱

1978年，房柱教授在全国科学大会上荣获“在我国科学技术工作中做出重大贡献的先进工作者”称号；半个多世纪以来，由于在蜂业领域做出的突出成绩，房柱教授荣获多项国家表彰

1981年，中央新闻纪录电影制片厂摄制并发行彩色纪录影片《蜂疗专家房柱》在国内外播放。房柱教授多次被中央媒体采访

1980年，经江苏省人民政府批复，房柱教授创办我国首家蜂疗医院、蜂疗研究所，时任中央卫生部副部长黄树则教授视察，并题词“蜜蜂——健康之友”

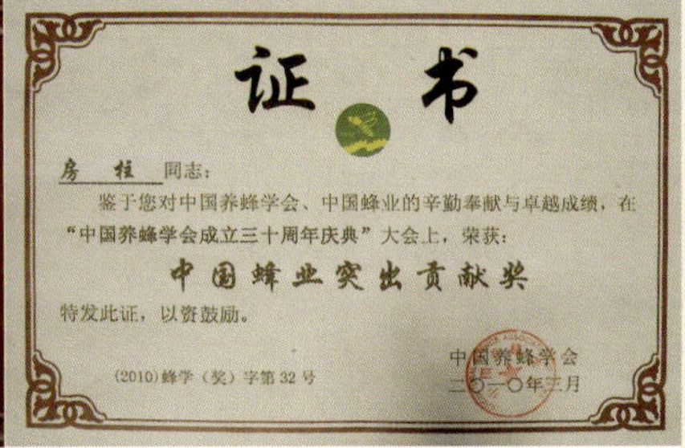
证书

房柱同志：

鉴于您对中国养蜂学会、中国蜂业的辛勤奉献与卓越成绩，在“中国养蜂学会成立三十周年庆典”大会上，荣获：

中国蜂业突出贡献奖

特发此证，以资鼓励。

(2010)蜂学（奖）字第32号

中国养蜂学会
二〇一〇年三月

1978年，房柱教授参与创建中国养蜂学会，任副理事长兼蜂疗保健专业委员会主任，致力于蜂业人才的培养，桃李满天下，在中国养蜂学会成立三十周年庆典大会上荣获“中国蜂业突出贡献奖”

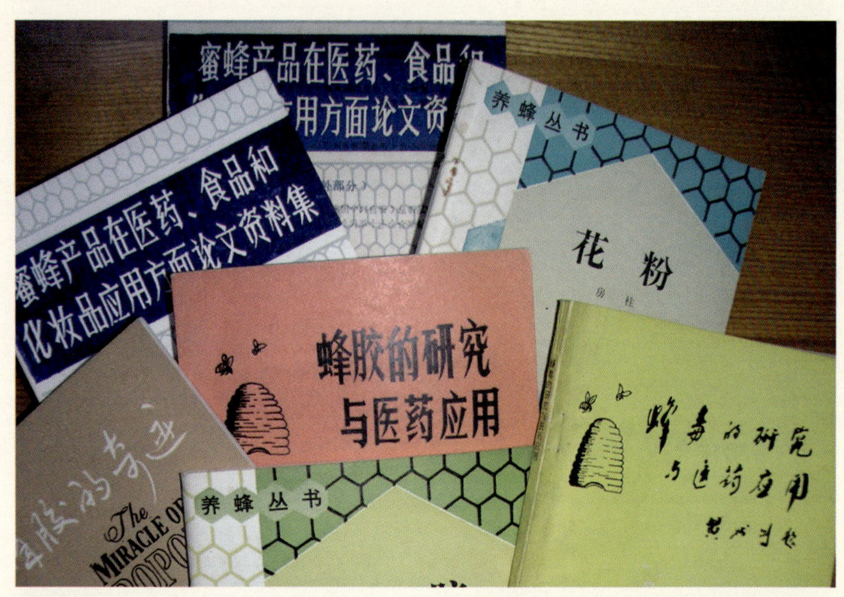

60多年来，房柱教授编著出版了多部蜂业专著，并作为“蜂产品加工及医疗保健”首席分支主编，参与编写《中国农业百科全书·养蜂卷》

1985年，房柱教授会见日本蜂蜜协同组合理事长清水进一先生与日本三菱商事杉山良彦先生，洽谈生产出口单花种原生态天然成熟蜂蜜

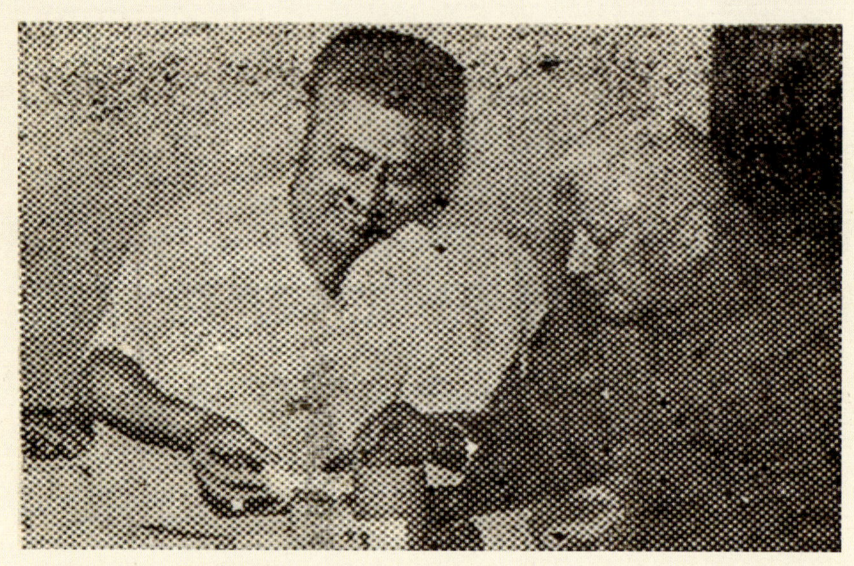

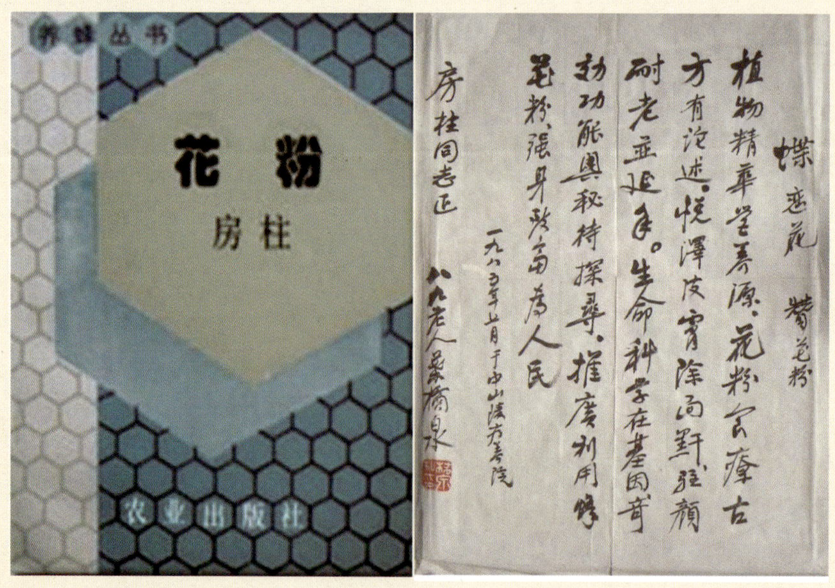

蝶恋花 赞花粉

植物精华是寿源，花粉食疗古方有论述。悦泽皮肤除面野，驻颜耐老并延年。生命科学在基因，奇妙功能奥秘待探寻。推广利用蜂花粉，强身致富为人民

房柱同志正

一九八三年七月于中山温泉疗养院

八八老人叶橘泉

1958年，房柱教授倡导并开始研究蜂花粉食疗养生，1985年出版了我国第1部《花粉》专著。中国科学院学部委员、中医药学家叶橘泉教授为专著作序，并赠诗《赞花粉》

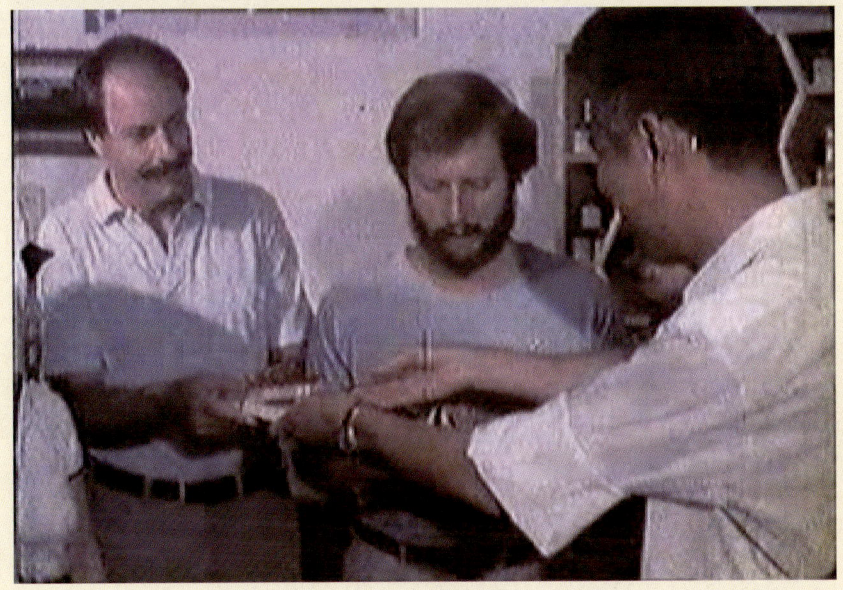

1978年，房柱教授在全球率先研制成功口服蜂胶片防治高脂血症，被誉为“蜂胶之父”，蜂胶片获药政准字批号；1984年编著出版我国第1部《蜂胶》专著

1984年，房柱教授主持研发冻干蜂王浆技术，成功实现了蜂王浆活性物质的常温保存，海外友人来华采访房柱教授对蜂王浆医药养生功用的研究与应用，并拍摄纪录影片《蜂王在中国》

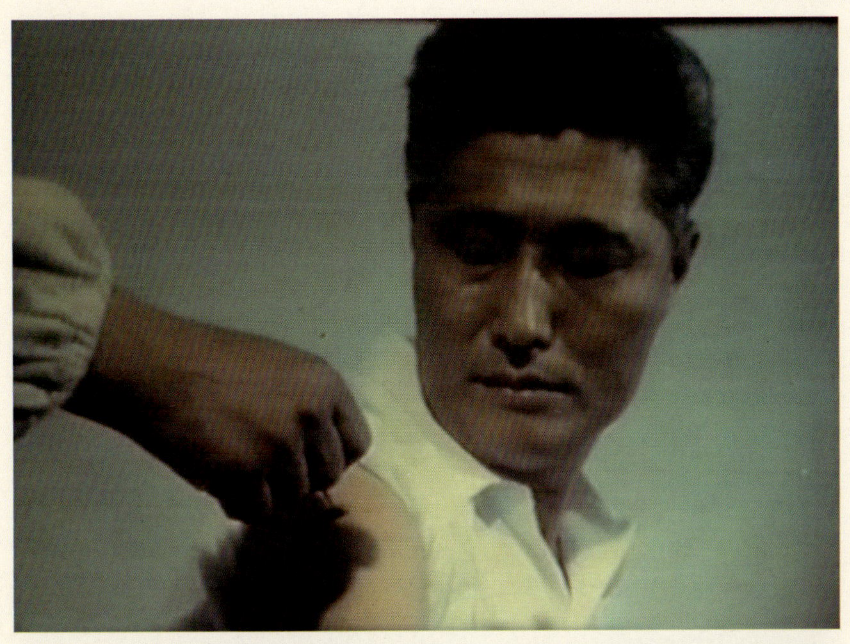

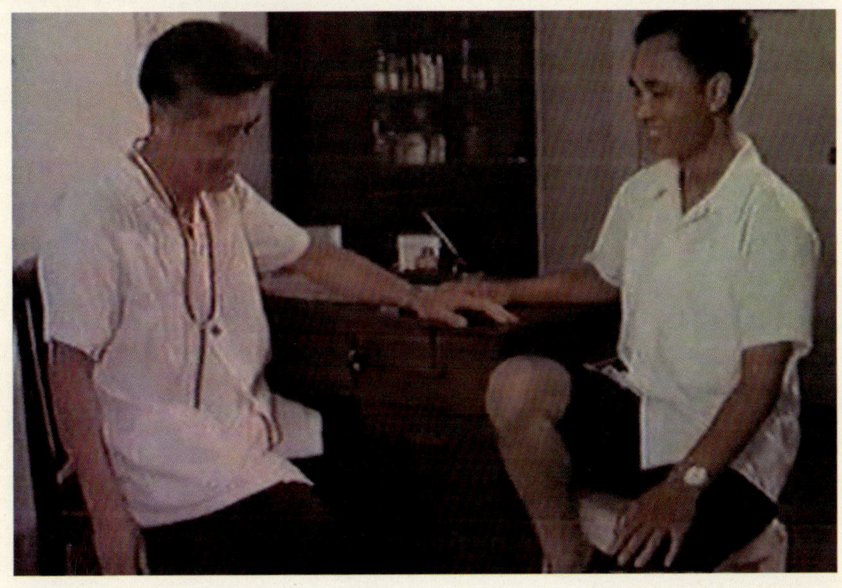

1959年，房柱教授在我国率先开展蜂毒医药价值的研究与应用，结合中医经络穴位，以身试针，创立蜂针疗法，为众多的风湿病患者解除了病痛

1986年，房柱教授首访日本，与日本蜂学权威——玉川大学蜂学研究所冈田教授进行交流

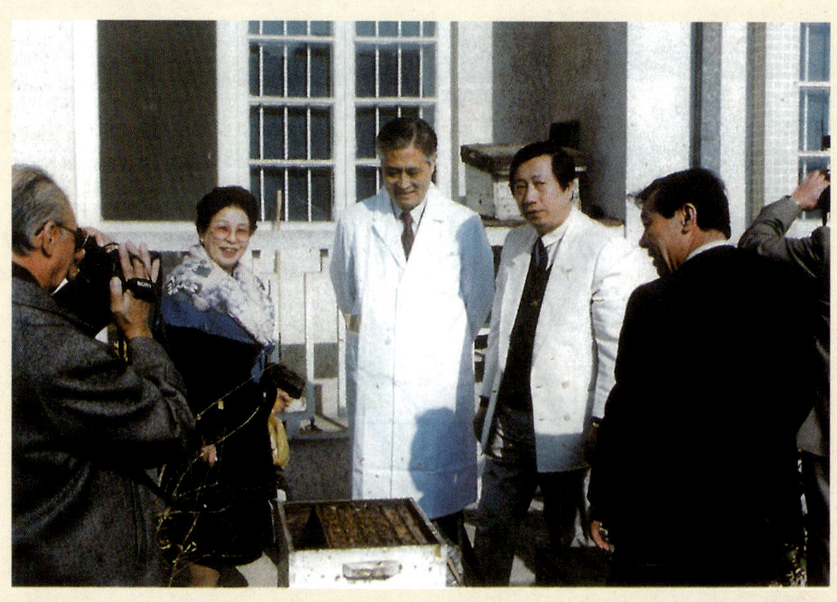

1991年，房柱教授在其创办的蜂疗医院接待前来交流访问的日本蜂疗协会太田直喜会长一行

1991年1月，中韩建交前房柱教授应邀赴韩国讲学，《美国医学新闻》作了报道。韩国蜂疗研究会朴昌浚会长于当年11月率该会19人来中国南京中医药大学参加由房柱教授主办的第1届国际蜂疗保健研修班

1991年，近十个国家和地区的蜂业同仁在中国济南成立国际蜂疗保健研究会，以促进国际间蜂疗保健专业交流与合作，房柱教授被推选为会长

1992年6月，房柱教授研制“房氏蜂肽油”参展在新加坡举办的“国际中医药博览会”，并到访新加坡国立大学作专业交流

1992年10月，房柱教授在马来西亚“光华日报社”（该报是孙中山先生在海外创办的华文报纸）作中国蜂产品知识讲座

1993年3月，房柱教授应邀赴中国台湾大学讲学，促进两岸专业学术交流与合作，房柱主编《中国蜂针疗法》一书由中国台湾青春出版社在中国台湾再版

1993年6月，房柱教授应邀在中国香港作蜂疗保健讲座

2009年，房柱教授在泰国皇太后大学主持召开第9届国际蜂疗保健大会，2011年举办第12届国际蜂疗保健研修班，皇太后大学保健学院院长和医院院长参加研修并组建了泰国蜂疗协会

1997年，房柱教授在日本主持召开第4届国际蜂疗保健大会

2012年9月，应世界自然医学会联合总会马永华主席的邀请，房柱教授出席在中国澳门举办的第6届世界自然医学大会，作大会报告讲授蜂疗养生

2015年11月，房柱教授应邀赴欧洲讲学，出席土耳其马尔马里斯国际蜂疗与蜂产品论坛，并作大会报告

2016年7月，60年蜂疗养生研究者、受益者、年逾80岁的房柱教授赴西藏农牧科学院考察，步履轻盈地登上布达拉宫

1991年，房柱教授拜访110岁文坛寿星苏局仙先生，苏老现场赋诗概括蜂疗养生全貌：“养蜂益康寿，产品供保健，蜂毒祛顽疾，神针能回春”

房冰先生的养蜂生活（1999年）

2000年，房冰先生与日本蜂蜜协同组合理事长、日本埼玉养蜂株式会社（始创于1908年）社长清水进一先生洽谈蜂产品贸易

2001年，房冰先生应韩国养蜂协会丁海云会长邀请，赴韩交流，并考察韩国高丽养蜂园，与高相寅园长交流蜂业生产技术

2006年，中国养蜂学会张复兴理事长在北京出席房蜂堂庆典活动并题词，与房冰先生合影留念

2008年，第9届亚洲蜂业大会上房冰先生与江苏出入境检验检疫局古有源处长共同撰写论文《回归原生态　生产成熟蜜》并作大会报告

2009年，房冰先生接待来华访问的亚洲蜂联主席Siriwat Wongsiri教授，并作专业交流

2015年10月，在第9届世界自然医学大会上，房冰先生作《自然医学·蜜蜂医疗》大会报告

2017年，中央电视台拍摄以反映我国蜂疗专家房柱教授及房冰先生致力于蜂疗养生事业、发展蜜蜂全产业链的专题节目《与蜜蜂为伴》，在CCTV10科教频道“科技之光”栏目播放

2018年，由民革中央、政协江苏省委主办，南京市人民政府承办的“健康中国发展大会”在南京市溧水经济技术开发区盛大召开，房蜂堂荣膺为大会重点产业项目

2019年，作为在全国科学大会上荣获“在科学技术工作中做出重大贡献的先进工作者”，房柱教授荣获中共中央、国务院、中央军委颁发“庆祝中华人民共和国成立70周年纪念章”

2021年，中国共产党建党100周年之际，房柱教授荣获由中共中央颁发“光荣在党50年纪念章”，并荣获“全国蜂业终身成就奖”、全球蜜蜂医学大会颁发的“蜂疗终身成就奖”

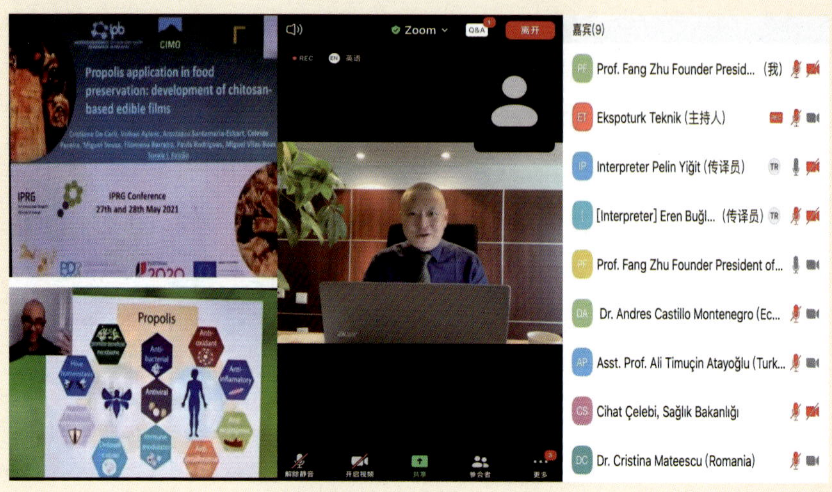

2021年，在第1届国际蜂疗联合大会（JIAC）上，房柱教授作为荣誉会长致大会开幕词，房冰先生作大会主旨报告“蜂产品医药养生价值（Records of the Value of Bee Products in Chinese Pharmacopoeia and Literature）”

序

人与自然是统一的。人又与自然相应。“人以天地之气生，四时之法成。”(《素问》)万物顺自然者，健而生；逆自然者，疾而亡。全人类追求“回归自然”、“效法自然”的趋势也日益明显，自然医学也就更显示出其重要意义，并受到人们的关注。人们对自然医学的真心追求，回归自然的期望是如此的迫切与深刻。

今年是国际蜂疗与蜂产品协会会长、中国养蜂学会蜂疗保健专业委员会主任房柱教授从事蜂疗养生研究 55 周年，值此之际，我谨代表世界自然医学会联合总会向房柱教授表示祝贺。作为中国养蜂学会蜂疗保健专业委员会第 3、4 届专业委员和第 5、6 届专家组成员，我自 1984 年与房柱教授相识，多次会晤，交流研究经验，结下了深厚友谊。现在，我们又在推动自然医学事业的道路上共同努力。

自然医学，是利用自然因素（阳光、空气、水、自然食物等），激发与保护人体的自然疗能，达到疗病、健身、长寿目的的医学。

自然医学认为：人们之所以生病，是因为长期的饮食失调和生活失节，人体内环境紊乱，体质偏向酸性，令自我复原功能受障碍；而治疗的目的，则是和大自然合作，协助身体自我复原。

蜂疗养生正是利用蜜蜂及其产品供人体医疗、保健、调养、康复的专业学科，是自然医学中的一枝奇葩，在我国有着悠久的历史，蜂产品的医药养生功用多收载于祖国医药典籍，蜂疗属于回归自然，效法自然，具有多方面功效的、安全有效的自然疗法之一。正如本书引用文坛寿星、110 岁诗人苏局仙的题诗：“养蜂益康寿，产品供保健，蜂毒祛顽疾，神针能回春。”

自然医学的倡导者、中国科学院学部委员、著名中医药学家叶橘泉教授关注蜂疗养生事业，本书已有记述。叶老晚年特别推崇蜂花粉养生，1984 年 9 月，“全国新型营养源蜂花粉讲习班”在江苏连云港市蜂疗医院举办，我应邀为 103 位学友讲授花粉，89 岁高龄的叶老亦莅临现场讲演并为学员颁发结业证书；1988 年 1 月，92 岁高龄的叶老还为《蜂产品与蜂疗》报题赠“长寿蜂友”、“蜜蜂寿星”栏目标题，并于当年在该报第 11、12 期刊用。

2002 年 10 月，我受房柱教授邀请出席了在古都西安举行的第九次全国蜂疗保健大会，向来自 23 个省、自治区和直辖市的与会代表做“自然医学-亚健康-蜂疗保健”专家讲座。

房冰先生传承父业，自 1999 年起投身蜂业十多载，值此房柱教授从事蜂疗养生研究 55 周年之际，房冰先生编著此书，将其研究成果奉献给读者，具有积极意义。相信此书出版后，能够让更多的人了解自然医学，了解蜜蜂可以给人类带来的健康与活力，殷切希望房冰先生在蜂疗养生的事业中取得骄人的成绩。

世界自然医学会联合总会 主席

南京中医药大学 教授

马永华 博士

2012 年 12 月

前言

蜜蜂诞生于7000万年前，是地球上最早出现的生物之一，比人类早数千万年，蜜蜂产品源于自然，自古以来被人们作为药食养生佳品。蜂疗养生是利用蜜蜂及其产品供人体医疗、保健、调养、康复的一种养生方法，养护生机、增强生命活力、提高生命质量，是中华养生的重要组成部分。

本书系统地介绍了蜂疗养生的全貌：“养蜂益康寿”，即养蜂活动亲近自然，脑力与体力相结合，既可“养心”亦可“养形”，养蜂被公认为长寿职业之一；“产品供保健”，即蜂蜜、蜂花粉、蜂王浆、蜂胶、蜂子等天然活性的蜂产品，其养生功用既广泛又各具所长，药食同源历史悠久，可供养生防病；“蜂毒去顽疾、神针能回春”，蜂毒是能够治病的药物，蜂毒疗法在欧洲、美国由来已久，房柱教授将西方传统的蜂毒疗法与中华针灸学说相结合，创立了“蜂针疗法”，辨证施治，攻克了慢性顽疾风湿病、关节炎，有效控制了强直性脊柱炎、肝硬化和晚期癌症的病情，让患者重启生活的希望。中央新闻纪录电影制片厂和中国中央电视台（CCTV）多次采访房柱教授，并拍摄了多档节目报道蜂毒蜂针的神奇功效。

房柱教授（主任医师）是“国际蜂疗与蜂产品协会(IABPS)”和“国际蜂疗保健与蜂针研究会(IAHBA)”创会会长，第1～6届中国养蜂学会蜂疗保健专业委员会主任，第7届首席名誉主任，先后被聘为南京中医药大学、云南农业大学、福建农林大学客座教授。1958年提出蜂花粉食疗养生；在我国率先研究蜂胶，被誉为“蜂胶之父”；创立“蜂针疗法”；主持研发冻干蜂王浆技术；实践生产原生态成熟蜂蜜出口日本百年企业“埼玉养蜂株式会社”；创办我国首家蜂疗医院、蜂疗研究所和房蜂堂蜂产品公司，并参与创建中国养蜂学会及蜂疗保健专业委员会；荣获全国科学大会“有重大贡献的先进工作者”称号、“五一劳动奖章”、国务院颁发的特殊津贴，并荣获由中共中央、国务院、中央军委颁发的“庆祝中华人民共和国成立 70 周年纪念章”，中共中央颁发的“光荣在党 50 年纪念章”，行业颁发的“全国蜂业终身成就奖”、“国际蜂疗终身成就奖”等多项国家表彰与业内殊荣。

房柱教授是新中国蜂疗养生事业的开创者，自 1956 年开始致力于蜜蜂医疗养生的研究应用，至今已有半个多世纪了。编者儿时耳闻目睹父亲房柱教授的研究经历，大学毕业后传承父亲的事业，于 1999 年开始从事养蜂实践与蜂疗养生研究。

本书末附房柱教授蜂疗养生 66 年纪事，将其 66 年蜂疗养生理念以及编者多年来蜂疗养生研究成果奉献给读者，敬请提出宝贵意见，以期完善，共同推进蜂疗养生事业的发展。

房　冰

2022 年 12 月

目 录

第一章 中华民族的养生文化

第一节 中华民族养生文化的起源

中国是一个有着5000年文明史的世界文明古国。相对于世界其他地区的养生文化而言，华夏民族的养生理论与实践有着古代哲学和中医学基本理论的底蕴，尤为博大精深。它汇集了炎黄子孙防病治病的原则与方法，内含道、儒、佛及诸子百家的哲学思想，堪称一棵充满勃勃生机和浓厚东方神秘色彩的智慧之树。

养生一词，原出《管子》，其含义为保养生命，养护生机，增强生命活力。

一、养生文化的史前传说与起源

中华养生文化源远流长，殷商时代之前就流传着一个个充满神奇色彩的历史传说，如长寿老人彭祖，常食桂芝，精于饮食和药物养生。

春秋末期的老子是道家学派的创始人，也是一位著名的养生理论家和实践者。《史记·老子韩非列传》记载："盖老子活到一百六十余岁……以其修道而养寿也。"其带有道教色彩的养生思想对后世产生了深远的影响。

战国末年的《吕氏春秋》一书，在养生学方面则显得更加专业化，记录了适度、运动、节欲这三个养生观点，提出人们若想健康长寿，就需要在精神、饮食和居住环境等方面调节得当、轻重适度。并且建议人们坚持运动，祛病强身。人的自然欲求也须有所节制，不可听任欲望无限膨胀，损害健康。

二、《黄帝内经》的成书与养生文化的形成

西汉成书的《黄帝内经》是一部令世人瞩目的医学养生学著作，其率先从医学角度探讨养生问题，将养生防病放在第 1 位，强调“治未病”，防重于治（图 1-1）。开篇“上古天真论”阐述养生之道称：“知其道者，法于阴阳，和于术数，食饮有节，起居有常，不妄作劳，故能形与神俱，而尽终其天年，度百岁乃去。”它提出人与自然密切联系，因此人体的饮食起居、生活习性首先要适应外在环境，其次人体内在环境需要达到统一，五脏六腑机能互相联系，互相制约，保持相对平衡和协调，从而实现增进健康，延年益寿的目标。

图 1-1《黄帝内经》这部医学养生学经典之作，把养生防病放在第一位

第二节 养生文化传承与发展

《黄帝内经》的成书，使中华养生学得到了很好的传承，并快速向前发展，当时很多的医药学家，如张仲景、华佗等均擅长养生。

魏晋南北朝时期，道家养生文化盛行，葛洪在《抱朴子·内篇》中提出“养生以不伤为本”，主张脑体工作都不应超出正常的生理限度。陶弘景一生所著的养生著作颇多，如《养性延命录》、《导引养生图》、《养生经》等，他提出人寿命长短不仅取决于先天的因素，还与后天的调养息息相关。

隋唐两代孙思邈的养生思想主要收载于《千金要方》和《千金翼方》中，其强调食疗，主张药补，还专门提出老年养生的问题。

到了宋代，帝王对养生十分关注，组织力量编写了《太平圣惠方》、《圣济总录》等官修医书。

明清时期，中华养生学进一步发展，著名医药学家李时珍在《本草纲目》中列出诸多“药食同源”的中药材，丰富和发展了“药食同源”饮食调养的理论，在养生学领域产生了极大的影响，书中还记载了很多实用的食疗养生内容。此外，养生学的研究重点开始逐渐转向老年人，这一时期出现的养生著作中，大多数都不同程度地联系到老人的健康和长寿问题，全社会都开始重视老人的养生与长寿。

按中国文史出版社 2003 版《中华养生保健辞海》综合数据，两千多年来，中国的养生学有关著作大约有 300 多种。医家吸取了诸子百家，包括道教、佛教的研究成果，建立了医学养生学。

第三节 养生之道与养生之术

一、养生之道

所谓养生之道，指的是养生的基本原则，其内容一般涵盖以下四点。

顺其自然：养生体现“天人合一、道法自然”，强调人的生活起居、行为处事应顺应自然的规律，重视人与自然的协调统一。

形神兼养：形，指形体脏腑等有形之物；神，指七情活动、精神状态。人想要获得健康不仅需要注重形体养护，还需重视精神心理方面的调摄，有健康的身体，同时还要具备健康的心理。

动静结合：生命科学主张“生命在于运动”，同时也注重“不妄作劳”、“劳逸结合”，将其协调有方，处理得当，则有利于养生。

审因施养： 大千世界林林总总，养生也要根据具体情况，具体分析、具体对待。我国诸多养生学家都主张养生要因人、因时、因地制宜，审因施养，力戒无的放矢、千篇一律。

二、养生之术

所谓“养生之术”是指在养生之道的指导下，衍生的各种养生方法，其主要囊括了以下四个方面。

神养：主要指的是精神与心理的调养方法，如闭目养神、听听音乐放松身心、书法绘画养生等，以宁心养神，消除大脑疲劳，防止劳伤思虑伤血。

形养：其涵盖生活起居行为调养，生活规律、起居有时、劳逸结合、娱乐有度，特别是保证充足的睡眠、戒烟少酒。同时还包括参加一些力所能及的体育锻炼和户外运动，如散步、慢跑、游泳、打球、跳舞、健美操、打太极拳等。

食养：我国古代养生家们一直强调饮食调养，重视饮食的养生作用，认为人体的健康与养生食品及饮食方法密切相关。饮食调养得宜，身体就会健康，也就预防了疾病。

术养：是以上养生之术以外的一种非食非药的养生方法，即利用按摩、推拿、气功、针灸、蜂针、沐浴、熨烫、磁吸、器物刺激等方法进行养生。

养生强调因人施养、审因施养，选择适合自己的养生方法，这样才能真正做到科学养生，增进健康，达到长寿的目的。

第四节 蜂疗养生历史悠久

中华蜂疗养生历史悠久，在上古时代，中华民族就利用蜜蜂产品食疗养生，防病治病。距今 3300 年前后的商代甲骨文中已有“蜜”字。

古籍《礼记·内则》载：“子事父母，枣、栗、饴、蜜以甘之。”还有帝王贵族以蜂幼虫宴客的“爵鷃蜩蠆（蜂）”记载。说明在 2300 年前，甜美的蜂蜜被用于孝敬老人，营养价值高的蜂子是帝王贵族的珍贵食物。

成书于 2000 年前汉代的《神农本草经》将药材分为上品、中品和下品三类，蜂蜜、蜂蜡和蜂子被列为上品，食药兼用。

汉代已经开始利用蜂蜜、蜂蜡、蜂子治疗疾病。“医圣”张仲景(150～219 年)著《伤寒杂病论》记有栓剂处方 “蜜煎导方”，可治疗虚弱患者便秘，在《金匮要略》中，张仲景以“甘草粉蜜汤”治蛔虫腹痛，以蜂蜡组方“调气饮”治疗痢疾。

陶弘景（452～536 年）著《神农本草经集注》，对蜂蜜、蜂子和蜂蜡的应用多有发挥，指出“蜂子酒渍敷面令人悦白”。陶氏擅长用蜂产品养生。

隋唐时期擅长用蜂产品保健，102 岁的名医甄权(541～643 年) 在他的《药性论》中指出，口含浸以蜂蜜的大青叶可治疗口疮。他用生姜汁和蜂蜜治疗痢疾。他在《药性论》中记有“蜂蜜常服面如红花”，“治口疮蜜浸大青叶含之”，“治瘁心痛及赤白痢，当做浆倾服一碗止，又姜汁蜜各一合，水和顿服之”。他认为蜂蜜是滋补剂，常服有益于身体健康，“神仙方中甚贵此物”。

有“药王”之称的唐代著名医药学家孙思邈(581～682 年) ，在他的《千金要方》和《千金翼方》中指出用蜂蜜治咳嗽、气喘、抗衰老，并且自己以蜂蜜酿酒健身治病，老而不衰，年逾百岁。

唐代诗人孟郊（751～814 年）曾食用蜜蜂花粉治病。孟郊 50 岁中进士，任溧阳县尉时患头晕健忘症，食用蜜蜂花粉得以治愈，后来在清明节前，他去济源，亲眼见到养蜂人家收集花粉，兴奋中写下了《济源寒食七首》。其中有："蜜蜂辛苦踏花来，抛却黄糜一瓷碗。"这"黄糜"正是蜜蜂采集来的油菜花粉。

《山堂肆考饮食卷二》记载女皇武则天喜欢食用花粉，常令宫女制作"花粉糕"自食和分赐群臣，年过八旬，仍满面红光，精神饱满，亲自主理朝政。

宋代由太医院编集的《太平圣惠方》收载使用蜜、蜂蜡和蜂巢于食疗养生抗老的多个配方。其中神仙服蜂房丸方："右常以九月十五日平旦时，取蜂巢完整者蒸之。阴干，百日千杵、细罗，以炼蜜和丸，如梧子大。每服三丸，以酒下，日三服。老人服之，颜如十五童子也。"

明代著名药学家李时珍(1518～1593 年)著《本草纲目》，详细记载了蜂产品的治病处方。其中第 39 卷的蜂蜜、蜂蜡、蜜蜂子词条都增加了用它们配制药剂的处方。李时珍阐述蜂蜜入药有 5 种功效：清热、滋补、解毒、滋润、止痛。味甘甜，可作为佐剂，即调和百药。

自古以来，蜂疗养生就是中华养生的一个组成部分，古人利用蜜蜂产品养生治病的实践记载给我们留下了宝贵的经验。

第五节 新中国蜂疗养生的研究与发展

我国利用蜂蜜、蜂蜡、蜂子食疗养生历史悠久，新中国成立之后，蜂疗养生事业在党和国家领导人的关心支持下，得到了进一步的发展。

20 世纪 50 年代，我国开始对蜂花粉、蜂王浆、蜂胶和蜂毒等资源的医疗保健价值进行系统研究。中国农业科学院养蜂研究所召开蜂王浆、蜂毒研究协作座谈会，并印发《蜜蜂——健康之友》单行本和《蜂王浆、蜂毒、蜂胶医疗性能的研究资料》。房柱教授在全国养蜂研究协作会议上作《养蜂副产品的医疗价值》专题报告，蜂产品医疗应用纳入全国养蜂研究协作计划。

1962 年，中国昆虫学会召开养蜂学术讨论会，交流了蜂王浆、蜂毒、蜂胶和蜂蜜的疗效观察和实验研究成果。房柱教授在江苏省连云港市进行蜂胶医药应用和实验研究，开展蜂针疗法和蜂毒作用于神经系统等实验观察。

20 世纪 70 年代以来，我国蜂疗药剂“蜂皇胎片”、“鼻炎灵”(蜂巢制剂)和蜂王浆中药复方问世，“北京蜂王精”畅销中外，房柱教授主持研发的蜂胶片成为全球首款蜂胶内服药剂。

1979 年以来，中国养蜂学会及其蜂疗保健专业委员会相继成立，30 多年来主办全国蜂疗保健学术交流会议 12 次，蜂产品讲习班和蜂疗保健培训班 50 期，结业学员 2000 多人，推动了我国蜂疗养生事业的进一步发展。

图 1-2 药典收载蜂产品药用价值

20 世纪 80 年代以来，蜂产品专著《蜂蜜》、《蜂胶》、《花粉》、《蜂毒的研究与医疗应用》、《中国蜂针疗法》等相继出版，《中国农业百科全书·养蜂卷》于1993年正式出版，房柱教授作为养蜂卷“蜂产品加工及医疗保健”分支学科首席主编。为我国深入开发利用蜂产品提供了理论依据。

中华人民共和国卫生部、中医药管理局1999年编著的《中华本草》、《中华人民共和国药典》2005年和2010年版也将蜂蜜、蜂王浆、蜂胶、蜂蜡、蜂子等蜂产品的药用养生价值收载其中，并记录多项药理学研究成果，使蜂疗养生体系更加系统化，展示了新中国蜂疗养生工作者半个多世纪以来辛勤工作取得的辉煌成绩（图1-2）。

第二章 房柱教授蜂疗养生 66 年

第一节 撰文《蜜蜂——健康之友》得到党和国家领导人的重视

20 世纪 50 年代，房柱教授在从事医疗工作过程中，接触到一些海内外关于蜜蜂及蜂产品用于医疗养生方面的文章与民间验方，进而对蜜蜂产品治病养生产生了浓厚的兴趣。

1956 年，房柱教授开始了养蜂与蜂疗养生研究的事业，经过初步的试验观察并收集了海内外相关资料，发现蜜蜂一身都是宝，发展养蜂生产利国利民，利用蜂产品养生前景广阔。在新中国百废待兴之际，房柱教授撰写《蜜蜂——健康之友》于 1958 年 2 月 14 日发表于党刊《人民日报》。

1959 年，房柱教授被中国农业科学院养蜂研究所聘为特约研究员，他撰写的《蜜蜂——健康之友》简明文稿作为朱德委员长视察养蜂所的呈报资料之一（图 2-1）。朱德委员长在看完《蜜蜂——健康之友》等资料后，于 1960 年 1 月 16 日给党中央毛泽东主席写了一封亲笔信，盛赞蜜蜂是“人类健康之友”，是为农作物授粉的“月下老人”，倡导在我国大力发展养蜂业。同年，房柱教授赴北京出席全国文教卫生群英会，应周恩来总理邀请参加大会举行的国宴。20 世纪 60 年代，中国养蜂业逐渐发展繁荣起来。

图 2-1 朱德委员长视察养蜂所

第二节 开创口服蜂胶片防治疾病，被誉为“蜂胶之父”

养蜂人在打开蜂箱检查蜂群时，必先用启刮刀打开蜂箱里面的副盖和分离每块巢脾，因为这些地方常被一些黄褐色、有时带青绿色的黏性物质——蜂胶所黏着。蜜蜂制造蜂胶用来塞补蜂箱的洞孔缝隙并使蜂房清洁光亮，因有碍蜂农检查蜂群，常被丢弃（图 2-2）。

1956 年，房教授开始外用蜂胶治疗皮肤病，试验研究证实蜂胶对常见医学霉菌具有抑菌活力，可用于体表癣病和深部皮肤霉菌病的治疗。1959 年，房柱教授在《中华皮肤科杂志》发表蜂胶治疗皮肤病论文，这是我国首篇介绍蜂胶药用价值的文章，将蜂胶变废为宝。

图 2-2 采集蜂胶

20 世纪 60 年代末，为响应当时毛主席 626 指示，房柱教授带领医务工作者不计酬劳，不论寒冬酷暑送药到基层，坨地上很多搬运工人由于在寒冷环境中从事搬运工作，手足经常开裂，房柱教授将蜂胶软膏赠送给坨地工人使用。不久后工人们的手足开裂逐渐痊愈，但是由于外用蜂胶时常会沾染衣物，给工人们在使用蜂胶软膏时带来不便。为了让患者更好地使用蜂胶，房柱教授开发了口服蜂胶片。

房柱教授用口服蜂胶片治疗 140 例银屑病患者，临床实验统计资料表明蜂胶片对于银屑病有显著的疗效，为了防治银屑病复发，有很多患者长时间、大剂量地服用蜂胶片，也均未见任何不良反应。由于银屑病一直病因不明，对这 140 例银屑病患者进行全面检查时，意外发现这些患者的高脂血症也得到了明显改善。

为进一步证明蜂胶片降血脂作用。房柱教授进行了动物试验研究，在给喂食含蛋黄粉饲料的家兔吃了蜂胶粉之后抽血化验发现：蜂胶组家兔的血脂明显低于对照组，该试验显示蜂胶具有降血脂效应。蜂胶降血脂的动物实验成功后，房柱教授进而选择高脂血症病例，不严格限制脂肪类食物，不配合其他药物治疗，连续服用蜂胶片，临床证明蜂胶片有明显的降血脂效用。

1975 年，房柱教授主持研制了内服蜂胶制剂——蜂胶片，用于高血脂和动脉粥样硬化的防治。蜂胶片治疗高血脂症的医药效用得到江苏省三所医学院与九所医院的实验和临床验证。扩大临床验证的统计资料表明，蜂胶治疗高血脂症，不论大、中、小剂量均有效。在蜂胶片鉴定会上，蜂胶片治疗高脂血症的医药效用得到与会专家的肯定和赞扬。蜂胶片获药政准字批号，开始批量生产，并投入临床应用（图 2-3）。

图 2-3 1978 年房柱教授研制成功口服蜂胶片，通过鉴定获药政准字批号

1978 年，在南斯拉夫举办的第三届国际蜂疗学术讨论会上公布了蜂胶抗霉菌、内服可治高脂血症的观察结果，在全球开创了蜂胶片内服治病的先河，在国际上引起轰动。1993 年 5 月，马来西亚《光明日报》、《诗华日报》、《南洋商报》和《新明日报》等均称誉房柱教授为“蜂胶之父”。

1981 年，中国中央新闻纪录电影制片厂摄制彩色纪录片《蜂疗专家房柱》，记录了蜂胶片的实验研究、临床验证和鉴定过程。

图 2-4 蜂疗保健丛书《蜂胶》

房柱教授根据自己的研究先后发表多篇蜂胶论文，早在 1980 年即由中国养蜂学会印行了我国第一部《蜂胶的研究与医药应用》专著，并于 1984 年由北京农业出版社出版了养蜂丛书《蜂胶》，1999 年由山西科学技术出版社出版了蜂疗保健丛书《蜂胶》（图 2-4）。这些论著详细介绍了蜂胶的各种医疗及养生价值，为蜂胶的应用提供了理论依据。关于蜂胶的“抗菌”和“治疗高脂血症”等药用价值被收载于《中华人民共和国药典》。

第三节 中科院学部委员叶橘泉教授协力花粉食疗养生研究

蜂花粉是蜜蜂采集被子植物雄蕊花药或裸子植物小孢囊内的花粉细胞形成的团粒状物，是蜜蜂食用蛋白质的唯一来源。1958 年，房柱教授在《人民日报》发表《蜜蜂——健康之友》时已经提出蜂花粉食疗养生。

通过实验对蜂花粉的成分进行分析证实，蜂花粉含有人体不可缺少的全部必需氨基酸、人体无法合成的必需脂肪酸和多种维生素、微量元素，这些物质对人体健康有重要意义。除此之外，不同蜂花粉的固有植物药成分，还有防治某些特定疾病的作用。

房柱教授对蜂花粉进行系统研究，编写了我国第一部介绍蜂花粉食疗养生价值的专著——《花粉》，于 1985 年由农业出版社出版，阐述了蜂花粉营养均衡和植物药特性（图 2-5）。

图 2-5 我国第一部花粉专著

在房柱教授 50 多年的蜂花粉研究开发应用期间，中科院学部委员、著名中医药学家叶橘泉教授对房柱教授的研究给予了肯定与帮助。

叶橘泉教授 1896 年出生，他在 70 多年的医药生涯中，晚年特别推崇蜂花粉，对蜂花粉的养生价值多有研究。叶橘泉教授为房柱教授的《花粉》书作序，在序言中叶老旁征博引介绍了古今中外蜂花粉在营养学及美容上的应用，并将蜂花粉的养生价值概括为：“花粉是一种营养最全面的食疗佳品，具有强体力、增精神、迅速消除疲劳和美容、抗老等作用。”叶老认为：“花粉是 21 世纪人类最完善、最理想的食品，是天然浓缩的微型药库。”

蝶恋花 赞花粉

植物精华营养源，花粉食疗古方有论述，
悦泽皮肤除面皯，驻颜耐老并延年，
生命科学在基因，奇效功能奥秘待探寻，
推广利用蜂花粉，强身致富为人民。

一九八五年七月于中山陵疗养院

房柱同志正　　八九老人叶橘泉

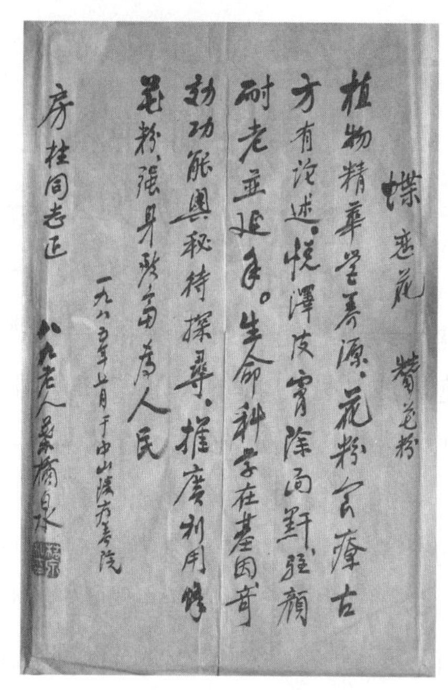

图 2-6 中医药学家叶橘泉认同房柱教授的花粉研究，并赠诗《赞花粉》

1984 年 9 月，叶老在连云港市蜂疗医院举办的全国新型营养源蜂花粉讲习班上做讲演，翌年在疗养时题诗《赞花粉》（图 2-6）。

20 世纪 70 年代初，瑞典等欧洲国家 40 岁以上的男子大都有服用蜂花粉的习惯，他们服用蜂花粉的目的是防治前列腺疾病。

在国内经过进一步研究与临床验证发现，采自我国青海高原的油菜蜂花粉可有效防治中老年男性常见的前列腺炎、前列腺增生等前列腺疾病。1987 年国家星火计划项目——“新型蜂花粉产品开发”的审验会上，房柱教授参加了这一蜂花粉产品研究鉴定与验收。

第四节 原生态成熟蜂蜜出口日本百年企业“埼玉养蜂（株）”

蜂蜜作为天然滋补佳品为大家所熟知。房柱教授研究蜂产品的药食养生作用，了解到我国古代医药典籍记载蜂蜜有“清热解毒”、“调和百药”、“润肠通便”的功效，因此建议长期服药和便秘的患者服用蜂蜜。

图 2-7 多次与日本埼玉养蜂互访

1985 年，房柱教授在中国养蜂学会（北京香山）会见了来华访问的日本蜂蜜协同组合理事长、埼玉养蜂株式会社社长清水进一先生。“埼玉养蜂”始创于 1908 年，是迄今有 100 多年历史的日本蜂蜜企业，其生产的原生态蜂蜜 1954 年供日本天皇食用，成为日本天皇御用蜂蜜生产者。

由于二战后日本蜜源植物遭到大面积破坏，埼玉养蜂清水进一社长此次来华的目的是想从中国进口单花种原生态天然成熟蜂蜜。房柱教授与清水进一社长交流了原生态蜂蜜生产与品质标准，结合我国的蜜源资源，实践生产单花种原生态天然成熟蜂蜜，与百年企业“埼玉养蜂（株）”展开了贸易往来。

1986 年至今，房柱教授先后六次出访日本交流。受房柱教授的邀请，现任“埼玉养蜂（株）”会长清水公博博士访问连云港市蜂疗医院，在蜂产品质量技术讲习班上讲授原生态蜂蜜和蜂王浆的检验技术，赠送日本产气相色谱仪，并多次派技术人员到我蜂场考察交流，推动了原生态蜂蜜的生产贸易（图 2-7）。

2007 年，经我方许可，“埼玉养蜂（株）”为我们生产的原生态天然成熟蜂蜜在日本注册“房柱”商标（登录番号 5098863），并将其定为高品质蜂蜜在日本销售。

第五节 主持研发冷冻干燥蜂王浆技术

蜂王浆是由青年工蜂头部舌腺和上颚腺分泌的乳白色或淡黄色浆状物质，专供蜂王和 3 日龄内幼虫食用。普通工蜂采蜜期寿命仅 30～50 天，而以蜂王浆为食物的蜂王，其寿命可达 5～6 年，是普通工蜂的几十倍。由此可以看出，蜂王之所以有如此长的寿命和其自始至终以蜂王浆为食密不可分。

1954 年，罗马教皇皮奥十二世 80 岁，重病卧床不起，采用了各种治疗方法，仍不见起色，生命岌岌可危。正在绝望之际，主治医生列亚基里首次尝试用蜂王浆对教皇进行治疗，教皇奇迹般地起死回生。第二年他的主治医生在罗马召开的一次国际学术会议上公开了这一秘密；1956 年，罗马教皇亲自参加世界养蜂大会，现身说法，诉说了蜂王浆让他起死回生的神奇功效。他说："蜂王浆是上帝赐给人类的神奇物质。"由此在欧洲掀起一场蜂王浆热潮，但是很多人在服用蜂王浆后，发现效果并不是很理想，人们对蜂王浆的药用价值开始产生了质疑。

1959 年 4 月，房柱教授时任中国农业科学院养蜂研究所特约研究员、江苏省连云港市蜜蜂医疗研究室主任，率先在我国开展蜂王浆的成分、药理与临床功能研究。

1972 年苏联学者 N.T 阿列什用常温 18℃条件贮藏 5 天的蜂王浆喂蜂王幼虫，无法使蜂王幼虫发育成蜂王。

研究发现，蜂王浆是高活性的营养物质，其富含的多种功效活性成分具有热不稳定的特性，在常温下容易丧失活性，从而失去其应有的养生功用。为保存活性成分，中国国家标准规定鲜蜂王浆应在-18℃条件下保存，而保存与取食的困难制约了蜂王浆的推广和应用。

1984 年，房柱教授发现食品冻干技术可能对蜂王浆活性物质的常温保存会有所帮助，于是向江苏省科委申请，主持研发冷冻干燥蜂王浆技术，在超低温、高真空的条件下，将蜂王浆的营养成分干物质升华水分制成冻干粉，实现了蜂王浆生物活性物质的常温保存。通过蜂王浆冻干粉的一系列动物实验和人体观察，证明了蜂王浆的生物活性最大限度得以保全（图 2-8、图 2-9）。

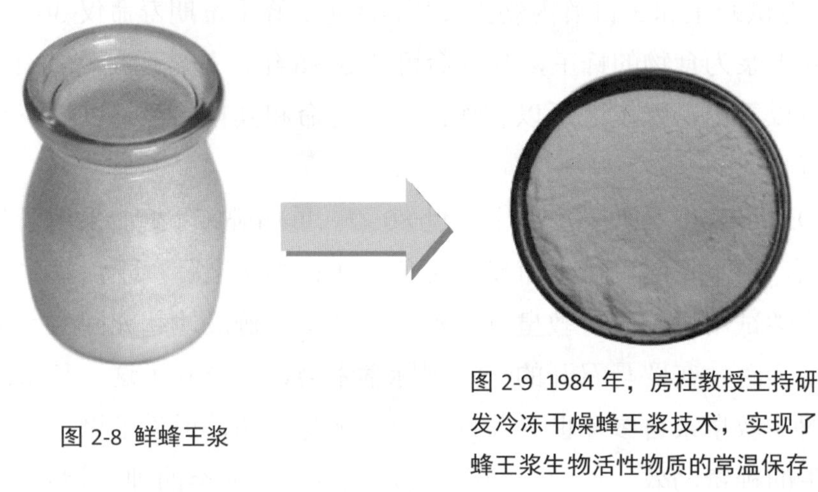

图 2-8 鲜蜂王浆

图 2-9 1984 年，房柱教授主持研发冷冻干燥蜂王浆技术，实现了蜂王浆生物活性物质的常温保存

此外，在冷冻干燥过程中，蜂王浆中占总质量 2/3 的水分升华，实现常温保存活性物质的同时，将蜂王浆的营养成分进行了三倍浓缩。冻干蜂王浆研发成功之后，蜂王浆被广泛应用于医药养生领域，广大患者与养生人士服用后反映，冻干蜂王浆不但便于服用，而且效果好。

第六节 开创蜂针疗法，创办我国首家蜂疗医院

房柱教授在淮北盐务局工人医院和疗养院从事医务工作期间，有很多患风湿关节炎的患者来就诊。这是因为当时盐区生产条件较差，盐工们经常在卤水中浸泡，受寒湿而引起的多发病。作为一个医生，房柱教授以解除患者痛苦为天职，为了研究出一种比较有效的治疗方法，他阅读了大量中外医学刊物，从这些浩繁的书海里，了解到查理曼帝国 Charles 大帝和俄国沙皇 Иван 四世都曾有应用蜂螫治疗痛风性关节炎的经历，并从《苏联大百科全书》中得到证实。但该书中也记载了很多蜂毒的禁忌证，房柱教授先进行了动物药理试验研究。当时，房柱教授患有局灶型肺结核，《苏联大百科全书》明文记述任何类型的肺结核皆是禁忌证，他不顾个人安危，效仿神农尝百草，自己以身试毒，打破了蜂毒的医疗禁忌。房柱教授对蜂毒应用以及其禁忌证展开了深入研究，发现蜂毒禁忌证并非如书中所描述的那样，随后使得蜂毒能更安全、更广泛地服务于患者。

1957 年，房柱教授在《中国养蜂》杂志发表《蜂毒疗法概述》，综述蜂毒的医药应用，呼吁蜂业界开发利用蜂毒资源。

图 2-10 时任中央卫生部副部长黄树则教授听取汇报并题词

1959 年，房柱教授在

《人民保健》杂志发表使用这种疗法治疗患关节炎、风湿病等慢性病的论文。根据“辨证施治”的原则按传统的经络穴位开展蜂毒疗法，从而开创这种具有中医特色的蜂毒疗法——“蜂针疗法”。同年在莫斯科医疗养蜂专业会议上发表关于蜂针疗法的论述。

经江苏省人民政府苏政复（1980）116 号文件批准，房柱教授在连云港市成立蜜蜂医疗专业机构。连云港市蜂疗医院和蜜蜂医疗研究所是我国第一所蜂疗专科医院和研究所（见农业出版社 1993 年版《中国农业百科全书•养蜂卷》彩色插图第 30 页第 126 图），日本《蜂针》杂志 1991 年第 21 期称之为世界第一所蜂针疗法医院，是中国养蜂学会第 1～5 届蜂疗专业委员会挂靠单位。房柱教授用“蜂针疗法”为众多关节炎、风湿病患者解除了病痛。1985 年，时任中央卫生部副部长的黄树则教授视察连云港市蜂疗医院，在听取了房柱教授工作汇报后，对其在蜂疗方面取得的成就给予了充分肯定，并亲笔题写“蜜蜂——健康之友”（曾放大在该院迎壁上），并为房柱教授编著的《蜂毒的研究与医药应用》（1986 年 4 月房柱教授应邀出访日本前由中国养蜂学会印行的我国第一部蜂毒专著）题写书名（图 2-10），为《蜂产品与蜂疗》报题写报头和题词“蜜蜂与医药”。

1986 年，与南京药学院（现名中国药科大学）制药厂合作完成注射用蜂毒冻干药剂的研制，并获药政准字批号，原料蜂毒和注射用蜂毒被收载于《江苏省药品标准》和《国家中成药标准汇编》（标准号 WS-11322-2002）。其后，开发出蜂毒搽剂——房氏蜂肽油，1992 年 6 月，在新加坡国际中医药展览会上展出，并出口创汇。

根据蜂针与蜂毒研究与实际应用经验，房柱教授撰写的《蜂针疗法源流纪略》1986 年在日本《蜂针》杂志发表。1993～2002 年，房柱教授主编的《中国蜂针疗法》、《百病蜂针疗法》、《当代蜂针与蜂毒疗法》先后由人民卫生出版社和山西科学技术出版社出版，为蜂针与蜂毒研究人员和从业者提供了参考。其中人民卫生出版社 1993 年 6 月版《中国蜂针疗法》是繁体字竖排本，继 1993 年 3 月房柱教授应邀到中国台湾大学讲演后，中国台湾青春出版社于 1994 年 8 月又出版为《蜂针疗法》，并增加房柱院长访台彩图六幅。

六十多年来，经蜂针疗法治疗的患者达万人以上。有些经蜂针治疗的关节炎、哮喘等患者，经过三四十年没有复发过，中央新闻纪录电影制片厂、中央电视台等媒体摄制多期节目进行报道。

第七节 参与创建中国养蜂学会，桃李满天下

1978 年，房柱教授受邀参加全国科学大会。会议期间，与马德风等我国著名养蜂家商议建立蜂行业学术组织“中国养蜂学会”，并且被推选为筹备委员会副主任。

1979 年 6 月，在筹委会的精心筹备下，我国第一个全国性质的蜂业学术社团“中国养蜂学会”成立，房柱教授当选为副理事长并连任四届，负责蜂疗保健专业。1980 年，中国养蜂学会蜂疗保健专业委员会成立，房柱教授当选为专委会主任，连任六届。蜂疗保健专业委员会自成立以来，编印行专业资料和出版物 27 种，主办 12 次全国蜂疗保健学术交流会议，报告论文 582 篇，举办全国蜂产品讲习班和蜂疗保健培训班 50 期，结业学友逾两千人。

2012 年 6 月，中国养蜂学会蜂疗保健专委会在河南开封换届，第 7 届专委会主任由学会副理事长兼任，年逾 75 周岁的房柱教授被选为第 7 届首席名誉主任。

证 书

房 柱 同志：

鉴于您对中国养蜂学会、中国蜂业的辛勤奉献与卓越成绩，在“中国养蜂学会成立三十周年庆典”大会上，荣获：

中国蜂业突出贡献奖

特发此证，以资鼓励。

(2010)蜂学（奖）字第32号

中国养蜂学会

图 2-11 房柱教授在中国养蜂学会成立 30 周年庆典上荣获“中国蜂业突出贡献奖”

同时，房柱教授受邀走进校园讲学，讲授蜜蜂医疗及养生知识，自 1993 年起先后被聘为云南农业大学东方蜜蜂研究所、南京中医药大学、福建农林大学蜂疗研究所客座（兼职）教授。30 多年来，房柱教授致力于蜂疗养生专业人才的培养，桃李满天下。为传播蜂疗养生技术和蜂产品知识、在海内外培育大批高素质人才、壮大专业队伍做出了贡献。在中国养蜂学会成立 30 周年庆典上荣获“中国蜂业突出贡献奖”（图 2-11）。

第八节 著书立说，当选国际蜂疗与蜂产品协会会长

房柱教授六十多年来一直从事蜂疗养生研究，先后出版了《蜂胶》、《花粉》、《蜂毒的研究与医疗应用》、《蜂产品与蜂疗》、《中国蜂针疗法》、《中华蜂疗保健》、《百病蜂针疗法》、《当代蜂针与蜂毒疗法》等 12 部专著，其中的一些著作被译成英文、俄文、德文、法文、日文、韩文、泰文在全球发行，研究成果引起全球业界的关注。

图 2-12 主持召开国际蜂疗保健大会

1982 年房柱教授应邀撰写《蜜蜂与人类健康》参加北美蜂疗学会第 5 届年会，并与美国知名蜂疗活动家查尔斯·姆拉兹先生开始了专业交往。1986 年 4 月和 1991 年 1 月先后应邀赴日本和韩国讲学交流。2001 年与

德国蜂疗协会会长斯蒂芬博士相识，推动了东西方专业交流与合作。2015年11月，房柱教授应土耳其蜂疗协会邀请，前往土耳其出席马尔马里斯2015国际蜂疗和蜂产品论坛，并做“中国蜂疗养生概论”演讲，与欧洲蜂业同仁、西亚和非洲蜂疗协会代表等人进行交流（参见《蜜蜂杂志》2016年第2期43～44页报道）。

房柱教授曾40余次出国（境）交流讲学，还接待来自澳洲和欧洲的医生进行蜂疗临床研修。

1991年11月和2005年4月，房柱教授先后创办了国际蜂疗保健和蜂针研究会（IAHBA）、国际蜂疗与蜂产品协会（IABPS），当选为两会会长。1991年11月25日出版的《日本养蜂新闻》第503期头版介绍国际蜂疗研究会成立盛况并发表社论、报道日本、菲律宾代表参观连云港市蜂疗医院情况；《中国毒素研究通讯》1992第1期79页亦有报道。两会先后在中国、日本、韩国、马来西亚、新加坡、泰国等地主持召开了9届国际蜂疗保健大会、12届国际蜂疗保健研修班，有五大洲21个国家和地区的蜂疗代表参与，促进了蜂疗养生的国际专业交流与合作（图2-12）。2016年底，在河南开封主持召开第10届国际蜂疗养生大会暨蜂产品博览会（大会会刊载论文23篇）。

第九节 中央媒体报道，荣获国家表彰

60 多年来，房柱教授创立了“蜂针疗法”，在全球开创口服蜂胶片治病的先河，系统研究蜂花粉食疗养生，主持研发冻干蜂王浆，实践出口单花种原生态天然成熟蜂蜜，并创办我国首家蜂疗医院、蜂疗研究所，引起众多媒体的关注，研究事迹多次被中央媒体报道。

图 2-13 中央新影发行的彩色纪录影片《蜂疗专家房柱》

1981 年，中央新闻纪录电影制片厂摄制并发行彩色纪录影片——《蜂疗专家房柱》（汉语和英语解说拷贝），在国内外播放，记录了房柱教授早年研究应用蜂疗养生，开发利用蜂毒、蜂胶、蜂蜜的事迹（图 2-13）。

1990 年，中国中央电视台记者到连云港市蜂疗医院摄制《蜂疗》，介绍了蜂产品保健和蜂针疗法的基本知识。

2005 年，中央电视台《走进科学》栏目记者到连云港市摄制《以毒攻毒》节目，介绍了蜂针疗法为强直性脊柱炎患者解除病痛的临床实例。

2007 年，中央电视台《科技苑》栏目摄制并在全国播放 《蜂毒的另类用途》节目，节目以采访房柱教授等专家为主轴线，对肝硬化和晚期癌症经蜂毒疗法有效控制病情、存活期 6～18 年的病例访谈。

2017 年，中央电视台《科技之光》栏目拍摄了以反映我国蜂疗泰斗房柱教授及蜂疗专家房冰致力于蜂疗事业，发展蜜蜂全产业链的 CCTV

专题节目《与蜜蜂为伴》，并于同年 12 月成功首播。

由于在蜂疗养生领域的成绩突出，房柱教授曾多次受到国家表彰。

1960 年，赴北京出席全国文教卫生群英会，应周恩来总理邀请参加大会举行的国宴。

20 世纪 70 年代，房柱教授应邀出席江苏省科学大会并获“江苏省科技成果奖”，出席全国科学大会并获“在科学技术工作中做出重大贡献的先进工作者”荣誉称号和奖励。

20世纪80年代，被中华全国总工会授予“全国优秀科技工作者”称号，荣获“五一劳动奖章”，江苏省政府授予其“江苏省有突出贡献的中青年专家”、“劳动模范”称号。

20 世纪 90 年代，被评为“江苏省名中西医结合专家”，获“中华人民共和国国务院颁发特殊津贴”。

21 世纪 20 年代，荣获中共中央、国务院、中央军委颁发的“庆祝中华人民共和国成立 70 周年纪念章”，中共中央颁发的“光荣在党 50 年纪念章”，在庆祝中国养蜂学会成立 40 周年的庆典活动上荣获“全国蜂业终身成就奖”，在全球蜜蜂医学大会上荣获“蜂疗终身成就奖”等多项国家表彰与业内殊荣（图 2-14）。

图 2-14　2019 年，作为在全国科学大会上荣获“在科学技术工作中做出重大贡献的先进工作者”，房柱教授荣获中共中央、国务院、中央军委颁发“庆祝中华人民共和国成立 70 周年纪念章”

第三章 百岁文坛寿星苏局仙赋诗蜂疗养生

在多年的蜂疗养生研究中，房柱教授接触了许多精通养生之道的长寿老人，其中包括我国著名的文坛寿星 110 岁的苏局仙老先生。苏局仙（1882～1991 年），上海南汇人，宋代诗人苏东坡第 28 代世孙，我国清末秀才，擅长作诗和书法，登上了书法界“北孙（墨佛）南苏（局仙）”的高峰。苏老有“全国健康老人”和“上海第一老人”之称。

图 3-1 110 岁文坛寿星苏局仙先生赋诗蜂疗养生

1991 年，房柱教授拜访苏老，苏老对蜜蜂及其产品的养生价值颇有见地，现场挥毫泼墨题写诗句“养蜂益康寿，产品供保健，蜂毒祛顽疾，神针能回春”赠与房柱教授，概括蜂疗养生之全貌（图 3-1）。苏老还为后来出版的《中国蜂针疗法》、《中华蜂疗保健》（图 3-2）题写书名。

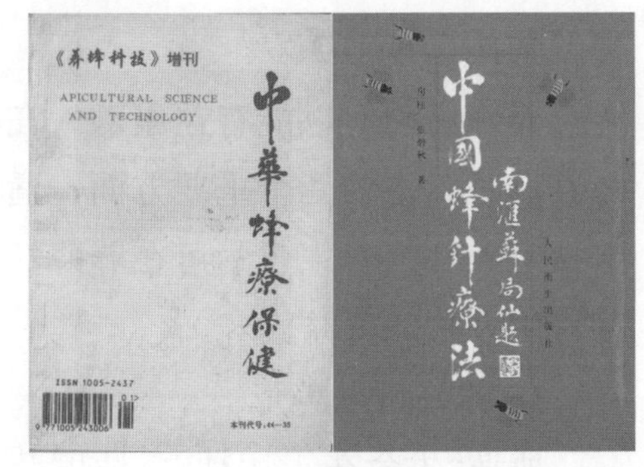

图 3-2 《中国蜂针疗法》、《中华蜂疗保健》封面题词

第一节 养蜂益康寿 产品供保健

一、养蜂益康寿

蜜蜂是地球上最早出现的生物之一，比人类早数千万年，也是人类亲密的朋友。

考古学证实，蜜蜂和恐龙都是7000万年前地球上的古老生物，后来气候巨变，“巨无霸”恐龙绝迹消亡了，而小小蜜蜂不仅存活下来，更是繁衍兴盛遍布全球各地。蜜蜂何以能胜出？生物学家经过研究发现：蜜蜂遵守“适者生存”的自然法则，有着强大的蜜蜂精神，如勤劳、无私奉献、团结、不畏牺牲等，这些精神都是值得人类学习的。

蜜蜂被誉为“健康之友”，早在原始社会，人类就猎取以蜂为对象的食物。在获取蜂产品的同时，人类也开始饲养蜜蜂。

养蜂是一种特殊的体力、脑力和精神专注相结合的活动，也是一种有效的养生手段。养蜂被公认为十大长寿职业之一，1993年版《中国农业百科全书·养蜂卷》收载国外知名养蜂家22位，平均年龄83.8岁。我国当代养蜂家闽南庄渊澄先生1988年逝世，享年96岁；冀南王博亚先生1991年逝世，享年94岁，共同养蜂的老伴已98岁，当时仍健在。中国养蜂学会首任理事长马德风先生，2007年逝世，享年93岁，他共同养蜂的老伴享年102岁。

养蜂活动何以能有益康寿？在我国流传数千年的养生文化中，养心与养形是养生的两个重要方面，适度劳作可养形，养蜂增添情趣、陶冶情操可养心，养生哲学可在养蜂活动中得到应验，因此养蜂本身就是一种养生方法，可益康寿。

1. 养蜂可以养形

所谓“生命在于运动”，适度劳作有益康寿，养蜂工作与蜜蜂劳动和谐统一，这些活动可以锻炼身体，强健体魄。

2. 养蜂可以养心

养蜂人长期与蜜蜂为伴可以获得许多乐趣，学习蜜蜂精神可以净化心灵，陶冶情操。养蜂者检查蜂群，提举每张巢脾，都看到数以千计的小生灵团结友爱、锲而不舍、无私奉献的精神；检查蜂群犹如练气功，提举每张巢脾时排除一切世俗杂念，令人忘却烦恼（如果注意力分散，惊了蜜蜂，蜂针会即时提醒您）。因此，养蜂人热爱生活、知足常乐，抗病力强，多高龄而体力犹壮。

3. 养蜂贴近自然

养蜂人一年四季，与花结缘，更亲近自然。养蜂场通常选择在依山傍水、绿树成荫、鲜花绿叶的优美自然环境中，养蜂人呼吸着充满蜜蜡、蜂胶和百花芳香的新鲜空气，沐浴着激励万物生长的阳光，看到生机盎然的蜜蜂飞进飞出，聆听一阵一阵的嗡嗡蜂鸣声，分享新鲜甜美的多种蜂产品，令人心旷神怡胜世外桃源。

乌克兰总统维克托·尤先科在基辅郊外的别墅花园内拥有自己的蜂场，饲养 80 群蜂。

在美国，城市居民热衷业余养蜂者已达 20 余万人，连前任总统奥巴马家庭也加入了正在兴起的庭院养蜂活动，其第一夫人米歇尔·奥巴马在白宫引进并饲养两箱蜜蜂。

回归自然是人类永恒的情结，也是人类健康的长寿秘诀，养蜂活动贴近自然、形神兼养，体现“天人合一”、“道法自然”之养生哲理，有益人体康寿。

二、产品供保健

蜜蜂产品中可供人类食用的主要有蜂蜜、蜂花粉、蜂王浆、蜂胶、蜂子等。自古以来，纯正、活性的天然蜂产品就被人们作为药食同源的养生佳品，成为“食疗养生”的组成部分。

1. 蜂蜜

蜂蜜是蜜蜂采植物花蜜，经过蜜蜂充分酿造而成。蜂蜜养生在我国有悠久的历史，从帝王将相到医药学家都对蜂蜜养生格外重视。我国古代最著名的两部医药典籍《神农本草经》和《本草纲目》均有关于蜂蜜“和药、解毒”的记载，当代国家中医药管理局汇编的《中华本草》更是收载了蜂蜜包括“解毒”在内的九大药理学作用。此外，蜂蜜在护齿益智、排毒养颜等方面的应用也有开发。

古今中外利用蜂蜜养生得长寿的人士亦不鲜见。西医学之父希波克拉底自己就以蜂蜜为营养品，活了 107 岁。中国河南省的蜂蜜寿星王凤出生于 1902 年，106 岁的她面色红润、脑子清晰，耳不聋、眼不花，腰不弯、背不驼，衣着整洁，精神矍铄。她认为自己的长寿秘诀是坚持每天早晚各喝一杯蜂蜜水。苏联学者曾调查 130 位百岁老人的生活情形，结果发现有 80%的老人都是生活在养蜜蜂的农庄里，正因为以蜂蜜为营养品，所以他们得到了长寿。从许多资料看来，常食蜂蜜确可延年益寿。

2. 蜂花粉

花粉是一种营养全面的食疗佳品，现代研究表明花粉含有人体所需的全部必需氨基酸，是多种天然维生素浓缩物，并且含有人体无法合成的必需脂肪酸、多种微量元素、活性物质，可均衡人体营养，是人类的补益良品。

服用蜂花粉起到均衡人类营养的同时，不同蜂花粉含有固有的植物药成分，对人体诸如心脑血管、血液系统、消化系统、泌尿系统的多种疾病起到食疗调养之功用。

不同种类不同产地的蜂花粉，其含有的植物药成分不尽相同，蜂花粉食疗养生需要掌握“审因施养”的原则，如青海省采集的油菜蜂花粉防治前列腺疾病的效果最为突出，而荞麦蜂花粉则可促进人体骨髓细胞造血，起到养血之作用。

1987 年，房柱教授参加了在杭州举行的国家星火计划项目——“新型蜂花粉产品开发”的审验会，大会上时年 92 岁的浙江农业大学吴耕民教授（1896～1991 年，享年 96 岁）健步走向主席台，声音洪亮，语言风趣地介绍他食用蜂花粉的体验："出生一八九六，虚度春秋九二，幸服蜜蜂花粉，胃口睡眠正常，足轻健步当车，日走廿里不疲，年虽已届耄耋，尚无龙钟老态，皇浆花粉保健，对我确实灵验。"

3. 蜂王浆

蜂王浆因为是蜂王的专用食物而得名，蜂王食用蜂王浆后寿命延长，因此蜂王浆与长寿的关系历来是研究的重点。蜂王浆中含有王浆酸 10-HDA、蜂王浆蛋白中的特殊延寿因子、人类未知的 R 物质等多种活性营养成分，因此有诸多养生功用。有些活性成分对热敏感，常温下容易失去活性，从而降低或丧失功用。1984 年，房柱教授主持研发的冻干蜂王浆技术解决了这一难题，为蜂王浆的推广应用提供更好的条件。

国家中医药管理局编著的《中华本草》记载蜂王浆有延缓衰老，促进生长，增强机体抵抗能力，调节内分泌系统，降脂、降糖，改善糖的代谢，调节心血管系统，增强免疫力，抗肿瘤及抗辐射等九大药理作用。

4. 蜂胶

蜂胶是蜜蜂从树木等植物特定部位，主要是新生枝芽或树皮上采集来的树脂、树液、植物色素和挥发油，并混入其上颚腺分泌物和蜂蜡等加工而成的芳香性胶状固体物，含有多种黄酮类、萜烯类化合物，对人体具有医疗和保健作用。

古罗马人利用蜂胶抗菌消炎的功效用于治疗战伤，而在我国蜂胶常被蜂农遗弃，20 世纪 50 年代开始被用来治疗皮肤病。1978 年，房柱教授在全球率先应用蜂胶口服片防治高脂血症，蜂胶因为降血脂的神奇功效赢得了"血管的清道夫"的美誉。

半个世纪以来，蜂胶抗菌消炎、降血脂、增强免疫、抗癌作用、抗氧化作用等多种药食养生价值得到了开发利用，相继得到国家卫生部的认可，被载入《中华人民共和国药典》。

除了以上被人们熟知的蜂蜜、蜂花粉、蜂王浆、蜂胶以外，蜂子、蜂蜡也具有一定的药食养生价值，且在很久以前就被人们所利用，很多古今医药典籍也有记载。

各种养生蜂产品的来源与营养成分各有不同，其食疗养生价值也各有特长，如天然成熟蜂蜜具有“解毒排毒”、“调和百药”的功用；蜂花粉则可以给人体提供“均衡营养”，某些蜂花粉还具有“固肾养血”、“保护心脑”、“调理肠胃”等功用；而蜂王浆的养生作用则侧重于“延缓衰老”、“增强体质”、“益肝健脾”、“有利血糖血压调节”；蜂胶则可“抗菌消炎”、“增强免疫”、“辅助治疗高脂血症与糖尿病”等。

第二节 蜂毒祛顽疾 神针能回春

小蜜蜂一身都是宝，养蜂有益康寿，蜂产品可供养生保健，即使是蜜蜂自卫的武器都具有祛病强身的功用。

大家都知道，蜜蜂在遭遇威胁时会本能地使用自己的武器——蜂刺蜇入“敌人”的身体，注入蜂毒，而恰恰是这蜂毒，却能治疗多种疾病，早在一千多年前，人类就发现了蜂毒治病的功用，蜂毒疗法有着悠久的历史。

一、蜂毒疗法

蜂毒是蜜蜂毒腺分泌出的具有芳香气味的透明毒液，其中含有的多肽类和酶类等活性物质，具有药用价值。

早在 1700 多年前，古罗马医学家盖伦（Galen）就记载蜂毒可止痛等多种用途。西欧早期的查理曼帝国的创始者查理大帝（742～814 年）和俄国沙皇 Иван 四世（1530～1580 年）都曾应用蜂蜇治疗他们的痛风性关节炎。

20 世纪初，蜂毒在美国与苏联得到了深入研究，《蜂毒疗法》、《蜂毒生理学作用和医疗应用》、《蜂毒——关节炎和风湿病的天然治疗剂》等蜂毒相关著作先后出版。20 世纪中期以来，蜂毒在我国得到了开发，各种蜂毒制品相继出现，被应用多种疾病的临床治疗。

有关医药典籍均记载蜂毒的药用价值，我国《中华本草》记录了蜂毒的药理学作用以及功能与主治。蜂毒能祛风除湿，止痛；主治风湿性关节炎、腰肌酸痛、神经痛、高血压、荨麻疹、哮喘。《中国动物药》记载蜂毒功能：强壮、镇痛、平喘、祛除风湿。治疗与疼痛有关的各种疾病，如风湿病，风湿性关节炎，类风湿性关节炎，周围神经炎及神经痛，肌痛，腰肌劳损，眼科疾病，I期、II期高血压，荨麻疹，闭经及神经症。

二、蜂针疗法

20世纪50年代，房柱教授为了寻求解除风湿病患者病痛的方法，开始研究蜂毒疗法。在广泛吸取前苏联、美国、欧洲研究应用蜂毒的基础上，房柱教授将传统的蜂毒疗法与中医经络学说、针灸医术相结合，创立了具有东方特色的“蜂针疗法”。该疗法根据“辨证施治”的原则，按传统的中医经络穴位开展蜂毒疗法，治愈了关节炎、风湿病等多种慢性疾病，是针、药、灸三结合的复合型刺灸法。

房柱教授经过数十年的研究，继《蜂毒的研究和医药应用》后，先后出版了《中国蜂针疗法》、《百病蜂针疗法》、《当代蜂针与蜂毒疗法》等专著，介绍了蜂毒及蜂针疗法的应用与发展，以及对多种疾病治疗效果的观察。

蜂针疗法在韩国、日本等很多国家都得到了广泛传播。

1988年日本《蜂针》杂志刊出《世上没有长生不老草，蜂针是回春之路》一文。这篇文章是一位韩国姓张的诗人写的亲身体验，他60岁性功能衰退，经韩国蜂针研究会金钟勋副会长用蜂针后，出现回春奇迹。1991年1月，在中韩建交前，房柱教授被邀请赴韩国讲学，大会后去金钟勋副会长处参观。这次见到一位姓白的退休郡长，为了抗衰老坚持蜂针已五年，当年76岁腰板硬朗、精神矍铄，每年春节皆偕夫人来金家贺年致谢。陪同参观的韩国蜂针研究会朴昌浚会长说：“有位新郎官患阳痿，经韩医、汉医治疗皆无效，老岳父带他来找金钟勋蜂针，这位新郎官称如再不见效他就不活了，金副会长给他心理加蜂针治疗，得以康复。许多事例使蜂针回春名声大振。”

第四章 天然成熟蜂蜜的营养价值与健康长寿

第一节 天然成熟蜂蜜的酿造

蜂蜜是蜜蜂采集植物的花蜜或蜜露，与自身分泌物结合后，经充分酿造而成的天然甜物质。

图 4-1 蜜蜂采花酿蜜

蜜蜂酿造蜂蜜是将花蜜吸到蜜胃(又称蜜囊)里，并将自身分泌的消化液加入其中，通过反复地将花蜜吸入蜜胃再吐回蜂巢，并不停地用翅膀扇风，进行酿造。在此期间，花蜜发生一系列物理化学变化，花蜜中的多糖转化为单糖，未成熟蜂蜜的多余水分被不断地带走，同时还增加了蜜蜂分泌液的活性酶等多种营养活性物质。

经过相当时间的酿造，天然成熟的蜂蜜就酿制成功了，蜜蜂将酿造成熟的蜂蜜存放在巢房中，用一层蜂蜡组成的蜡盖将其封存起来。养蜂人取蜜时，用割蜜刀割去蜡盖，通过摇蜜机产生的离心力，将贮存在巢房里天然成熟的蜂蜜摇取出来，最后经过过滤、质检装瓶供人类食用。

根据苏联蜜蜂生物学家测算，大约需要 15 万只蜜蜂，采集 400 万朵鲜花才能酿造 1 千克天然成熟蜂蜜，其珍贵可见一斑。

一、蜂蜜的种类

根据蜜蜂采集的蜜源植物不同，分为不同花种的蜂蜜，常见的如洋槐蜜、油菜蜜、紫云英蜜、荔枝蜜、龙眼蜜、柑橘蜜、荆条蜜、椴树蜜、枣花蜜、野坝子蜜、鹅掌柴蜜、苕子蜜、黄芪蜜、党参蜜、苜蓿蜜、五倍子蜜、枸杞蜜、益母草蜜等。

不同花种的蜂蜜，由于蜜源植物与自然条件的不同，其成分、味道、养生作用也存有差异，如洋槐蜜中果糖含量相对较高，清香甜润，椴树蜜葡萄糖含量相对较高，味道香浓。

采自两种以上蜜源植物酿成的蜂蜜属多花种混合蜜，一般情况下，高纯度的单一花种的蜂蜜比多花种蜜更为珍贵，具有自身独特的风味。

二、蜂蜜的成分

蜂蜜的成分复杂，迄今为止，已从蜂蜜中鉴定出 180 多种不同的物质。不同来源、不同品种的蜂蜜，所含成分不尽相同。一般说来，蜂蜜的主要成分是果糖和葡萄糖，此外，还含有多种活性酶类、少量粗蛋白、矿物质、维生素、芳香物质等。每 100 克蜂蜜中含乙酰胆碱 1.2~1.5 毫克、胆碱 36~45 毫克和H_2O_2等抑菌素 10~40 毫克。

蜂蜜中的多种活性酶类在新陈代谢过程中具有十分重要的作用，为蜂蜜独特的医疗保健价值提供了一定的物质基础。

蜂蜜中矿物质含量与人体血液中的矿物质含量接近（表 4-1），这有助于提高人体对矿物质的摄取。

表 4-1 人体血清与蜂蜜所含矿物质对照（据Sherman分析） (%)

名　称	镁	硫	磷	钙	铁	氯	钾	碘	钠
人体血清	0.18	0.04	0.05	0.011	微量	0.360	0.030	微量	0.320
蜂　蜜	0.18	0.001	0.019	0.004	0.0007	0.029	0.386	微量	0.001

蜂蜜中含有多种碱性无机盐类，属于碱性食物，可以中和体内酸性代谢产物，使体液碱化，从而起到调整机体酸碱平衡、调节新陈代谢的作用，防止酸性体质病的发生。

第二节 蜂蜜养生历史悠久

据考证，我国3000年前的甲骨文中就有“蜜”的记载，可见古人早已利用蜂蜜了。古代名医对蜂蜜药食养生作用的研究有悠久的历史。

1. 2300年前的《礼记》记载蜂蜜孝敬老人

中国古籍《礼记·内则》载：“子事父母，枣、栗、饴、蜜以甘之。”说明在2300年前，甜美的蜂蜜被用于孝敬老人。

2. 2000多年前汉光武帝刘秀赐蜜

汉光武帝刘秀在即帝位之后曾赐他昔日好友朱祐白蜜二石。古代皇帝只赐给他昔日好友、合伙人白蜜二石，足见蜂蜜之珍贵。

3. 1800年前“医圣”张仲景用蜂蜜治疗便秘

“医圣”张仲景著《伤寒论》中记述“蜜煎导方”，就是用蜂蜜来治疗便秘。

4. 1700年前道家用蜂蜜养生

在1700年前，先贤已将蜂蜜用于养生保健。晋代左思的《蜀都赋》和葛洪的《神仙传》中都有关于蜂蜜养生的记载。

5. 1500年前名医陶弘景用蜂蜜养生

陶弘景（452～536年），是南北朝时期著名医学家，齐高帝时曾任诸王侍读，公元492年他辞官隐居，他昔日的学生武帝诏许赐以束帛并令所在地方每月供给白蜜二斤、茯苓五斤以养生。陶氏擅长用蜂产品保健和导引之法，年逾八十而壮容。

6. 1300年前唐代名医甄权与药王孙思邈用蜂蜜养生，均逾百岁

唐代百岁名医甄权著《药性论》载蜂蜜“常服面如花红”，“神仙方中甚贵此物”。“药王”孙思邈及弟子孟诜利用蜂蜜健身皆得以健康长寿，思邈逾百岁，孟诜92岁寿终。

7. 1000 年前宋代太医院《太平圣惠方》记载蜂蜜食疗养生抗衰老

宋代由太医院编集的《太平圣惠方》（992 年）在食疗养生抗老方中重视使用蜜、蜡和蜂巢。

8. 900 年前宋代大诗人苏东坡倡导蜂蜜养生

诗人苏轼（1037～1101 年）字东坡，他言蜂诗文就有十余首之多。其中"收蜂蜜"诗中有蜂蜜"助和药"字句；"安州老人食蜜歌"诗中有"蜜中有药治百疾"字句；苏轼不仅好食蜜，亦喜饮蜜姜汤，说它："甘芳滑辣，使人意快神清。"倡导用蜂蜜、姜丝熬粥以养生。他与当权者政见分歧，故历经磨难，四起四落，曾入狱，花甲之年被贬至海南儋州。《苏沈良方》署名他与沈刮合著，其中生蜜为丸、炼蜜为丸、和蜜蒸食、蜜汤下和蜜剂外用皆有涉及。

9. 清代皇家御用天然成熟蜜

古往今来，天然成熟的蜂蜜一直被皇家御用或国君用于赏赐有功之臣，普通老百姓一般是吃不到的。史书中就有相关记载：清康熙 37 年（1698 年）官府曾派"蜜丁" 550 名，到原始森林中采蜜，限每人交出蜜七斤九两，以进献皇家御用。到乾隆年间（1767 年）也有蜜丁贡白蜜、蜜尖及蜜脾的相关记载，可见天然成熟的蜂蜜自古以来就是极其珍贵的。

第三节 天然成熟蜂蜜的药食养生价值

蜂蜜养生历史悠久，在2002年国家卫生部将蜂蜜列为药食同源食品。而天然成熟蜂蜜的药食养生价值在我国著名的三大医药典籍中都有过相关记载。

一、《神农本草经》记载蜂蜜为“上品药材”

2000 年前汉代《神农本草经》收载药材 365 种，该书将药材分为上品、中品和下品三类（图 4-2）。据“序录”载：“上药一百二十种为君，主养命以应天，无毒，多服不伤人，欲轻身益气、不老延年者。”上品药材中记载：“蜂蜜主心腹邪气，诸惊痫痉，安五脏诸不足，益气补中，止痛解毒，除众病，和百药，久服强志轻身，不饥不老。”

图 4-2 《神农本草经》记载蜂蜜解毒和百药

二、《本草纲目》记载蜂蜜药用价值

400 多年前的明代医药学家李时珍也在其名著《本草纲目》中记载：“蜂蜜生则性凉，故能清热；熟则性温，故能补中；甘而和平，故能解毒；柔而濡泽，故能润燥；缓可去急，故能止心腹、肌肉、疮疡之痛；和可以致中，故能调和百药与甘草同功。其入药之功有五：清热也、补中也、解毒也、润燥也、止痛也。”

三、《中华本草》记载蜂蜜的药理研究

国家中医药管理局编著的《中华本草》是现代版中药宝典，其中第25卷213页详细记载了蜂蜜现代药理与临床研究成果。

记录了蜂蜜“解毒”、“营养与改善心肌代谢”、“调节胃酸分泌”、“增强体液免疫”、“抗菌”、“协同抗肿瘤”、“滋补强壮与促进组织再生” 以及蜂蜜对“糖代谢的影响”等九类药理作用。

同时记载蜂蜜具有调补脾胃，缓急止痛，润肺止咳，润肠通便，润肤生肌，解毒的功能。

四、“解毒和药”的药食养生价值

从汉代的《神农本草经》到现代的《中华本草》，三大医药典籍中都记载了天然成熟蜂蜜“解毒”、“和百药”之药食养生功用。所谓“解毒”是指天然成熟蜜可以促进体内毒素的分解、排出、并保护肝脏；“和百药”是指天然成熟蜜调和百药，既可以增强药效，同时还能降低药物的毒副作用，我国传统的中药丸剂都是采用天然蜂蜜调制，古人所述“丸者缓也”，即主要指蜂蜜调和丸剂，其药力在体内缓和释放，使药物对人体的效果更好。

五、营养与健康养生研究

蜂蜜中所含的葡萄糖和果糖不需消化可直接被人体吸收利用，是运动员、登山者、潜水员的优质食品，对老人、儿童、产妇及病后体弱者尤为适宜。

成熟的蜂蜜具有抗菌作用，这与其具有高渗透压、弱酸性和所含的溶菌酶（5~10毫克/毫升）、苯甲酸衍生物、黄酮类化合物（5~120微克/克）、挥发性成分（0.24%~0.1%）以及葡萄糖氧化酶与葡萄糖酸作用后产生的活性氧等有关。

蜂蜜是孕妇养生的理想食物。妇女在怀孕期间，要注意补充营养增强体质，防止火气上身及大便秘结等。蜂蜜营养丰富，具有清热润燥，安抚精神之功用，又能增强抵抗力。因此，怀孕的妇女，应经常食用清

亮一些的蜂蜜，提高自身体质，为胎儿的生长发育创造一个良好的物质和妊娠环境。

蜂蜜是预防和治疗便秘的传统药物，又具有镇静安抚作用。晚饮蜜水可助眠。有助于整夜保持血糖平衡，从而避免早醒，尤其对经常失眠的老年人更佳。经常食用蜂蜜，可预防老年性便秘、失眠、焦虑等障碍。

蜂蜜能润滑胃肠，降低胃中酸度，减少对胃肠黏膜的刺激，有保护胃肠黏膜的作用，蜂蜜通过调节胃液的分泌，使胃液分泌正常，其中的酶类物质有助于消化食物，对胃和十二指肠溃疡，消化不良，以及胃肠疾病有治疗作用。

对于糖尿病患者，不论是 1 型还是 2 型，全天小剂量食用蜂蜜，亦不会使血糖明显升高，虽然蜂蜜中含有 65%以上的还原糖，但果糖的代谢不受胰岛素的影响，尤其是高纯洋槐蜂蜜，其果糖含量高，蜂蜜中的乙酰胆碱还具有降血糖作用。

蜂蜜对肝有一定的保护作用，蜂蜜中大量的单糖及某些维生素、酶和氨基酸可以直接进入血液而被人体吸收利用。同时，蜂蜜能促进肝细胞再生，对脂肪肝形成有抑制作用。肝病患者每天早、晚空腹服蜂蜜，有助于身体康复。

蜂蜜能营养心肌和改善心肌的代谢，每天服用蜂蜜有助心肌功能，还能对抗强心药地高辛的毒副作用。

蜂蜜有助于治疗呼吸道疾病。在第 25 届国际养蜂大会上保加利亚学者报道，用蜂蜜治疗 17862 例常见呼吸道疾病的患者，症状消失者在 55%以上，总有效率在 90%以上。

第四节 天然成熟蜂蜜润肤美体作用的研究

1912 年美国考古学家在埃及金字塔内发现了一罐 3000 多年前的蜂蜜，相传埃及艳后把蜂蜜与鸡蛋清混合涂在皮肤上美容，给她的绝世美貌锦上添花，不仅迷住了埃及王，连大祭司也甘心拜倒在她的石榴裙下。

在我国唐代，曾广泛流传这样一个故事：唐玄宗李隆基的女儿永乐公主面容干瘪、肌肤不够丰满，后因战乱避居陕西，常以当地的蜂蜜泡茶饮用，3 年后她竟变得丰美艳丽，与三年前的她判若两人。后来人们发现，蜂蜜有使“老者复少，少者增美”的功能。

世界著名影星索菲亚•罗兰，虽已年过花甲，但身材匀称，行动矫健，肌肤柔嫩，面放光彩。不少影迷和追星族，尤其是年过半百的女士们，千方百计探索她保持青春活力的养颜秘诀，她说：“我的秘方就是‘运动+蜂蜜’。”

据日本《读卖新闻》报道，女作家平林英子青春永驻，虽已 80 多岁，脸上皱纹却很少。她说：“我从未用过美容霜、珍珠霜、抗皱剂之类的化妆品，我仅每天早晨拿纱布蘸些自己调制的蜂蜜化妆品搽脸，几十年如一日，一直坚持不断，这是家母传授的，她老人家活到 90 岁，脸上皱纹也很少。” 女作家还介绍说：“蜂蜜汁的涂抹方法非常重要，首先要用温水把脸洗干净，然后用热毛巾敷面，接着就拿纱布蘸蜜汁，由外向里轻轻地搽，直到你感觉脸皮有些微微发热，再用清水洗净，最后涂上一层蜂蜜，只要觉得蜜汁不下淌就足够了。当然，选用优良蜜非常重要，选好的蜜用一个洁净的玻璃瓶盛装，并稍微加点甘油、硼酸和乙醇，以便增强滑润和消毒作用。”

为什么蜂蜜可以润肤美体，《中华本草》记载蜂蜜具有“润肤生肌，润肠通便，解毒”的功能。首先，蜂蜜营养滋润皮肤，杀菌消炎。蜂蜜中的单糖、多种维生素、氨基酸、微量元素和酶类，对皮肤具有良好的渗透力和保湿效果，可使老化和硬化的皮肤恢复水合性，防止角质层水分散失，保持皮肤的滋润和健康，作用于表皮和真皮，为细胞提供养分，促进细胞分裂、生长，对改善老年性皮肤生理状况、减少色素沉着、防止皮肤干燥和滋养皮肤都有良好作用。同时，蜂蜜的高渗透性和所含的H_2O_2（双氧水）具有抑菌作用，能避免面部皮肤感染病菌和消除皮肤发炎等，内服加外用，效果就更好。

其二，蜂蜜润肠通便，解毒，可防治便秘、减少毒素对肌肤的侵害。《千金要方》中记述："便难之人，其面多晦。"中医学很早就指出，便秘会令毒素长久留存体内被吸收，影响皮肤的生理功能，使皮肤失去光泽和弹性，加速皮肤老化，使皮肤出现斑点和晦暗无光泽。蜂蜜具有的解毒、通肠润便作用有助于把体内积聚下来的废物排出体外，减少毒素对皮肤的侵害。

另外，蜂蜜有镇静安抚，助眠之功。睡眠不足会造成眼圈发黑，使皮肤的光洁度下降。失眠还能引起内分泌失调，造成精神烦躁，进而引起各种有损美容的现象发生。睡前服用蜂蜜有助睡眠，其所含的单糖、胆碱、维生素及镁、磷、钙等物质能滋养神经，有镇静安抚之功用。

此外，蜂蜜中的活性酶、维生素、矿物质等可促进消化，帮助燃烧人体脂肪，避免脂肪在人体中积聚下来，据说韩国著名影视明星金喜善女士在公布其保持窈美身材的秘诀时就包含每天喝蜂蜜水。蜂蜜润肤美体建议冲调蜂蜜柠檬水，每天服用，有助通肠润便、排毒养颜、美体轻身。

蜂蜜润肤美体是其中各种营养成分和功能因子综合作用的结果，在当今回归自然的美容热潮中，既能美容又能保健、美食的蜂蜜，无疑是爱美人士的上佳选择。

第五节 天然成熟蜂蜜是学生儿童好伴侣

天然成熟蜂蜜营养丰富，从智力饮食的五大营养素来看，蜂蜜是一种天然的益智佳品，也是很好的脑能量补充剂，学生学习考试用脑量大，及时给大脑添加营养复合型优质糖源，以补充脑力消耗及保持思维敏捷是必要的，蜂蜜中优质的单糖类，服用后直接可供氧化利用，给脑部供能。此外，蜂蜜所含有维生素、矿物质、活性酶等其他营养素还可有效地补充人体所需的多种营养，适合学生服用。

有些儿童爱吃糖，容易出现坏牙，成熟蜂蜜可抑制链球菌变种的生长，防止破坏牙釉质和牙本质的乳酸产生，以及葡聚糖牙斑的形成，因此用蜂蜜替代蔗糖，可有效保护儿童牙齿。蜂蜜味美质优，且具有“清热解毒、润肠通便之功”用作儿童的甜品远比白糖好得多。实践证明，小儿常吃蜂蜜不坏牙齿、不上火、不便秘。

蜂蜜和奶搭档能营养互补，奶含有丰富的蛋白质，蜂蜜富含的单糖不仅能提供足够的能量，其含有的维生素、矿物质、酶等活性成分使营养更全面；蜂蜜可以促进奶中钙质的吸收，同时减缓奶中酪蛋白的凝结，从而减少钙质的流失，增强骨骼强度。

第六节 回归原生态，生产成熟蜜

我国 2005 年颁布的 GB 18796-2005 蜂蜜国家标准中，鼓励国内养蜂生产成熟蜜。

所谓成熟蜜，指由蜜蜂在蜂巢中进行全周期生物酿造，天然成熟的蜂蜜，相对于采用人工脱水方法缩短蜜蜂自然酿造周期的蜂蜜而言，其营养功用与风味自然尤佳。

欧盟在布鲁塞尔颁布的 2001/110/EC 有关蜂蜜的标准中就有明确的规定，只有天然成熟蜂蜜才是“天然蜂蜜”。

图 4-3 第 9 届亚洲蜂业大会上房冰先生与江苏出入境检验检疫局古有源处长共同撰写论文《回归原生态 生产成熟蜜》并做大会报告

蜂蜜是天然养生食品，其品质生产也应回归原生态，应当由蜜蜂天然酿造成熟，其中不得含有对人体有害的兽药、农药与环境污染物，不应添加蜂蜜以外的糖类及其他物质，我国及欧美国家有关蜂蜜的标准都对此做出了明确的要求。

近年来，随着我国经济快速发展，人民生活水平不断提高，消费者对于养生食品的品质要求也日渐提高，天然成熟蜂蜜也已不再是欧美日韩等发达国家的专属品，它已进入我国寻常百姓家，成为百姓日常生活中的养生佳品（图 4-3）。

第五章 营养全面的食疗养生佳品花粉

第一节 蜂花粉采集与种类

一、花粉的分类

花粉是高等植物雄性生殖器官——雄蕊花药中产生的生殖细胞，其个体称为花粉粒。当花粉粒成熟时，花药裂开，散出花粉。英语“pollen”（花粉）这个词引自拉丁文，它的原意是“强大的，元气充沛的”。

花粉的传播方式有水媒、风媒和动物媒三种。水媒花粉以水流为媒介传播授粉，风媒花粉借助风力传播授粉，而动物媒花粉则是以昆虫（如蜜蜂）为媒介传播授粉，通常陆地植物的花粉大多为风媒花粉或虫媒花粉。风媒花粉一般粒小、质轻，花粉粒外壁光滑，在花粉传播的季节飘散在空中传播，是造成人体过敏的主要花粉，而动物媒花粉经过昆虫生物选择，过敏情况的出现就少得多。

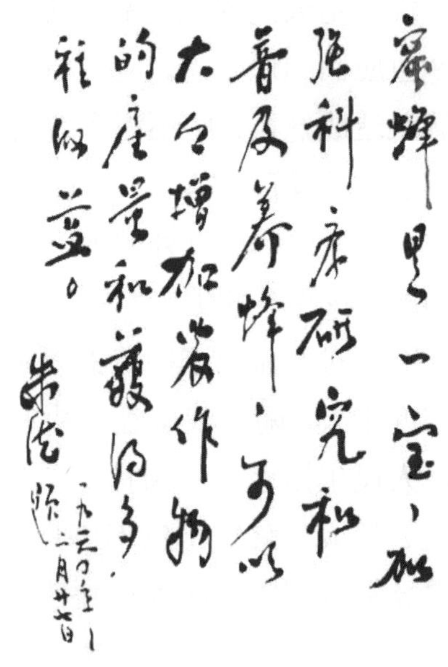

图 5-1 20 世纪 60 年代初，朱德盛赞蜜蜂是“月下老人”提倡养蜂可以增加农作物产量

二、蜂花粉采集

蜂花粉是蜜蜂从被子植物雄蕊花药和裸子植物小孢子叶上的小孢子囊内采集的花粉粒，经蜜蜂加工而成的花粉团状物。

据瑞士莫里奇奥博士测算，蜜蜂每次飞行可采集 15 毫克的花粉（两个花粉团），蜜蜂需要完成 66 666 次飞行才能采集 1 千克蜂花粉。

三、农作物授粉

1958 年 2 月 14 日房柱教授在《人民日报》发表《蜜蜂——健康之友》，文中介绍蜜蜂采集的花粉含有丰富的营养素，蜜浸花粉是深受欢迎的民间药物。20 世纪 60 年代初，朱德委员长曾视察中国农业科学院养蜂研究所，并亲自写信给党中央毛主席，盛赞蜜蜂是“人类健康之友”、为农作物授粉的“月下老人”（图 5-1）。

蜜蜂在采集花粉时从这一朵花采访到另一朵花，不仅采集了植物的花粉，同时还对植物进行了授粉工作。因此蜜蜂被称为是理想的植物授粉者，蜜蜂采集花粉在为蜂群提供食物的同时对农作物增产有重要意义。在人类所利用的 1330 种农作物中，有 1000 多种可由蜜蜂授粉。

四、蜜蜂营养

蜜蜂采集的蜂花粉是蜜蜂食物中蛋白质的唯一来源,植物与传粉者之间相互依赖、进化发展。

五、蜂花粉种类

蜂花粉的种类，依据粉源植物不同，在我国常见的有玉米、油菜、向日葵、荞麦、芝麻、紫云英、茶等蜂花粉。这些蜂花粉共同的特点是营养全面而且配比平衡，但不同蜂花粉中所含固有的植物药成分，其养生功用各有特长，既有共性，又有其个性食疗价值。

第二节 蜂花粉营养均衡

食物是人类赖以生存的物质基础，食物中的营养素的摄取是否合理，会直接影响机体的生长发育和健康水平。

平衡膳食又称为合理膳食，是指能满足合理营养要求的膳食，即所提供的营养素能满足人体的生长、发育和各种生理、体力活动的需要，从而改善人们的健康状况，减少主要慢性疾病的发病危险。但除母乳对六个月龄的婴儿外，任何一种普通的天然食品都不能满足人体所需要的全部营养素。营养学专家建议为了达到平衡膳食的目的，每日最好食用20~30 种食物，这对于我们来说，日常生活中很难做到。

中国食品工业协会高级顾问于若木曾经指出：“花粉中不但含有生命的遗传信息，而且也含有新生命的一切营养物质。它是植物的精华，也是人类宝贵的营养源，它的开发利用必将造福于人类、造福于我们的子孙后代。”

人体需要的营养素种类繁多，但要达到均衡状态，普通食品很难满足，于是人们将目光投向了自然界。

花粉是植物生命的基源，是植株精华的浓缩物。日本横滨市立大学教授岩波洋造博士著《植物的性》一书中强调指出：“花粉中所含的糖、氨基酸比一般植物细胞高许多倍，蛋白质、维生素、酶类等的含量也很多，大大超过该植物根、茎、叶细胞含量的多倍。”

一、含有人体所需的全部必需氨基酸

必需氨基酸是指人体不能合成或合成速度不能满足机体需要、必须从食物中摄取的氨基酸。花粉中含有人体生命所不可缺少的全部必需氨基酸：缬氨酸、异亮氨酸、亮氨酸、苏氨酸、蛋氨酸、苯丙氨酸、赖氨酸、色氨酸，它们是组成蛋白质的原料。

氨基酸与蛋白质和人类生命有着极其密切的关系，氨基酸是组成蛋白质的基本单位。人体全身组织和器官都含有蛋白质，占人体干重的45%。在生长发育期间，构成新组织的原料就是蛋白质，维持人体组织器官的正常功能和细胞代谢更新，都必需蛋白质；抵抗传染病病源的抗体，是血液中球蛋白的一部分。因此，假如人体摄入的氨基酸与蛋白质的数量不足，就容易衰老和发生疾病。

必需氨基酸在常见蜜源花粉中的含量（表 5-1）：

表 5-1 必需氨基酸在常见蜜源花粉中的含量表 单位：毫克/100 克

花粉名称	亮氨酸	赖氨酸	苏氨酸	缬氨酸	苯丙氨酸	蛋氨酸	色氨酸	异亮氨酸
紫云英	7.78	3.22	4.76	7.12	23.40	5.12	9.99	5.96
荞麦	30.34	5.69	10.91	28.26	61.19	5.46	83.93	21.72
玉米	3.60	1.61	1.98	3.56	10.48	6.35	4.26	2.02
椴树	4.38	2.47	3.17	3.45	19.02	6.48	3.52	6.07
芝麻	4.96	1.61	3.77	4.42	14.63	5.29	3.89	3.51
茶花	7.78	3.09	5.95	4.53	31.45	13.82	7.97	6.71
油菜	14.29	4.08	5.75	13.59	38.52	8.70	9.26	10.33
向日葵	14.98	6.92	9.92	18.34	49.73	8.53	23.68	14.48

注：摘自王开发《花粉营养成分与花粉资源利用》。

花粉是蜜蜂的优质营养源，是蜜蜂所需蛋白质的唯一来源。蜜蜂有强大的精力和体力与以营养均衡的花粉为食有很大关系。

二、多种天然维生素浓缩物

维生素是人体生长和代谢所必需的微量有机物，花粉含有丰富的天然维生素：

1. 维生素 A

对人体的主要功能是促进眼球内视紫质合成或再生，维持正常视力，防治夜盲症和眼干燥症。花粉中含有胡萝卜素和类胡萝卜素，人体吸收这些化合物后，就在肠黏膜内转化为维生素 A。

2. 维生素 B_1

又称硫胺素，是脱羧辅酶的主要成分，为机体充分利用碳水化合物所必需。当维生素 B_1 缺乏时，临床上出现健忘、易怒、肢端麻木、肌肉萎缩、心力衰竭，亦可出现下肢水肿等症状，称周围神经炎和脚气病。约伊里什 1956 年报道各种花粉（100 克）的维生素 B_1 含量：苹果 1 毫克、白芷 1.2 毫克、荞麦 1.3 毫克、锦鸡儿 1.5 毫克。

3. 维生素 B_2

又称核黄素，是脱氢酶的主要成分，为活细胞氧化作用所必需。它对维持身体健康、促进生长和保护眼睛明亮有重要作用，可防治角膜炎、口角炎、舌炎、阴囊炎、脂溢性皮炎。约伊里什（1956 年）报道各种花粉（100 克）的维生素 B_2 含量：苹果 1.8 毫克、白芷 2.1 毫克、荞麦 1.6 毫克、锦鸡儿 1.5 毫克，苡葛草含维生素 B_2 高达 2.3 毫克。

4. 维生素 B_3

又称泛酸，是辅酶 A 的组成成分，在物质代谢中具有极其重要的作用。我国花粉（100 克）的维生素 B_3 含量：油菜 4.1 毫克、垂柳 2.18 毫克。

5. 维生素 B_5

又称维生素 PP、尼克酸，在体内可转变为尼克酰胺，后者是辅酶I和辅酶II的组成部分，为细胞内的呼吸作用所必需。

6. 维生素 B_6

包括吡哆醇、吡哆醛和吡哆胺三种，经磷酸化作为生物机体内很多重要酶系统的辅酶。它与蛋白质、脂肪和糖原代谢密切相关，在个体生长期间离不开维生素 B_6，孕妇应多给维生素 B_6，以补充胎儿的需要。布伊阿等（1976 年）报道花粉的吡哆醇含量为 0.9 毫克。

7. 维生素 B_7

又称维生素 H、生物素，是羧化酶系的辅酶，对机体物质代谢有重要作用，是微生物生长的促进因子。生物素在食物中分布广泛，人体肠内也可以合成，因此不易产生缺乏症。长期口服抗生素，也应注意生物素的补充。

8. 维生素 Bc

又称维生素 M、叶酸，当叶酸缺乏时，使红细胞中核酸合成障碍，产生巨幼红细胞贫血，可用叶酸治疗。

9. 胆碱

属于维生素 B 族。有抗肝脏脂肪浸润的作用，可用于肝硬化的治疗。胆碱还能帮助胆固醇的搬运与利用，可用于防治动脉硬化和冠心病。

10. 肌醇

亦属于维生素 B 族。肌醇是动物和微生物的生长因子，在人类成功地被用于防治脂肪肝、肝硬化和高脂蛋白血症。

11. 维生素 C

能促进胶原蛋白形成，维持结缔组织完整性，防治坏血病。能增加机体对疾病的抵抗力和促进伤口的愈合。

12. 维生素 D

为机体调节钙和磷的正常代谢所必需，对牙齿和骨骼的形成极为重要。缺乏维生素 D 对儿童将引起佝偻病，对成人可引起骨质软化症。厄尔•维维诺等（1944 年）证实每克花粉脂类含维生素 D 0.2～0.6 国际单位。

13. 维生素 E

目前认为维生素 E 的生理功能较为广泛，我国几种蜜源花粉（100 克）的维生素 E 含量：荞麦：279.50 毫克、油菜 642.50 毫克、芝麻 84.50 毫克。

14. 维生素 P

又称芸香甙、芦丁，是保护毛细血管坚韧性所必需的维生素，用于治疗毛细血管通透性障碍，对预防脑出血、视网膜出血和某些心血管病有重要作用。约伊里什报道每 100 克荞麦花粉中含芸香甙 17 毫克。

三、含人体无法合成的必需脂肪酸和多种常量及微量元素

花粉中含有亚油酸、亚麻酸、花生四烯酸三种人体无法合成的必需脂肪酸，其对于人体心脑血管的养护具有重要的意义。

除此之外，在生物学和医学领域中，把生物体（包括人体）中含量不足万分之一（0.01%）的化学元素称作微量元素。微量元素在人体中含量很小，但对人体的健康作用巨大，与人体免疫、遗传、内分泌、感染、生长发育、畸形等均有密切关系。

花粉中含有多种人体所需的常量元素，还含有极为丰富的微量元素，如铁、碘、铜、锶、锌、锰、钴、钼、铬、镍、锡、硼、硒、钒、铝、钡、镓、锟、钛、锆、铍、铅、砷、铀等。花粉不仅包含目前已知为人体所必需的十多种微量元素，而且还有许多至今尚未了解其功能的微量元素（表 5-2）。

表 5-2　油菜、荞麦、椴树花粉部分常量及微量元素含量表 单位：毫克/100 克

花种	钙	钠	磷	镁	硅	铁	铜	铝	钴	锌	钡
油菜	200	30	200	64	20	40	5	16	0.4	1.63	/
荞麦	300	50	250	30	100	160	3	40	0.4	/	/
椴树	16	/	200	20	40	20	2	8	0.4	5.10	4.18

花种	锰	钛	锆	镍	硼	铅	铬	钇	钒	硒	锶	锂
油菜	16	0.5	/	2	/	0.032	0.048	0.03	0.06	0.0025	/	/
荞麦	6	0.4	/	0.4	0.6	0.12	0.17	0.087	0.12	0.0024	/	/
椴树	0.5	2	0.1	5	/	0.38	0.709	/	0.10	/	0.35	0.03

注：摘自王开发《花粉营养成分与花粉资源利用》。

四、多种对人体健康有益的活性物质

1. 黄酮类化合物

花粉是色素累积的特殊部位，其中以类胡萝卜素及黄酮类化合物尤为广泛。黄酮类化合物具有抗动脉硬化、降低胆固醇、解痉和辐射防护

作用。沙皮罗等报道（1981 年），蜜蜂采集的油菜花粉的黄酮醇含量高。

2. 有机酸

自然界中广泛存在的羧酸是电离常数小的弱酸，大多数有抗菌防腐作用。沙皮罗等（1981 年），还指出三萜烯酸在多种花粉中含量丰富，花粉的抗炎、促创伤愈合、强心和抗动脉粥样硬化作用，可由其中含有熊果酸和其他三萜烯酸来解释。富含三萜烯酸的花粉采自荞麦。

3. 酶

酶是影响细胞代谢的重要物质，影响着人体的生命代谢。如呼吸需要呼吸酶、食物消化分解需要胃蛋白酶，各种生命活动都有酶的参与，才能维持正常的代谢平衡。

花粉含有淀粉酶、转化酶、过氧化氢酶、还原酶、果胶酶，少数含有肠肽酶、胃蛋白酶、胰酶及脂酶，据统计，在各类植物花粉中先后直接鉴定的酶已达一百多种。

4. 核酸

蜂花粉丰富的核酸，每 100 克花粉中约含核酸 2.12 毫克，大大提高了蜂花粉的医疗保健价值。

核酸是生物的遗传信息，具有很强的生物活性，对蛋白质的合成、细胞分裂和复制，以及生物遗传起着重要作用，能促进细胞再生和延缓衰老，对各种慢性疾病的治疗具有特殊的功效，可用于免疫功能低下和肿瘤病人的治疗。

第三节 蜂花粉食疗养生价值的研究

房柱教授自 1958 年提出并研究蜂花粉食疗养生，于 1984 年 9 月，在其创办的连云港市蜂疗医院率先举办了全国蜂花粉讲习班，叶橘泉教授应邀出席（图 5-2），马永华博士参加授课，以中国科协咨询服务中心名义举办，并编写《花粉讲义》，对花粉的药效学较全面系统地做了资料收集，列举了花粉以下功用：

图 5-2 中医药学家叶橘泉与房柱教授探讨花粉养生

1. 增强毛细血管强度，降低胆固醇及甘油三酯。

2. 促进脑细胞发育，增强中枢神经系统功能；改善失眠，改善遗忘，改善注意力。

3. 促进幼年动物内分泌腺发育。

4. 提供运动员的体力、耐力、反应能力，加快疲劳消除。

5. 增进食欲，促进消化吸收，调整胃肠功能，保护肝细胞。

6. 增加红细胞、血红蛋白及血色指数。

7. 抗辐射、抗化疗损伤。

8. 增进骨髓功能，促进胸腺发育，提高胸腺激素活性，提高中性白细胞及 T 淋巴细胞数量，提高吞噬细胞活性，增加血清免疫球蛋白含量。

9. 抑制艾氏腹水癌细胞的生长。

10. 抗衰老及美容作用。

结合各方面的研究，从各种花粉所含营养成分的差异以及药理药效试验的资料，对我国常见蜂花粉的食疗养生功效进行以下概述：

一、固肾：养护前列腺

前列腺炎和前列腺增生是男性常见的慢性病，中医认为是由于肾气不固所致，发病率高，经久难愈，给患者带来了莫大的痛苦，随着年龄不断增加，症状也逐渐明显或加重，目前除手术外，多采用抗生素、激素治疗，但疗效一般不能令人满意。因此，寻找疗效高、无不良反应的治疗方法就显得十分迫切。

国内外临床验证，蜂花粉对前列腺疾病有良好的防治效果，能标本兼治，且无毒副作用，可长期服用。这种将植物的雄配子体花粉成功地运用于男性性器官疾病的治疗，也正符合中医以脏补脏的治疗原则。现任南方医科大学教授陈恕仁等用花粉治疗 423 例患有前列腺疾病的男性不育症患者，治愈 114 例，显效 230 例，好转 45 例，无效 34 例，有效率达 91.96%。1991 年，陈恕仁教授出席在济南举行的第一届国际蜂疗大会上报告时，现场展示近百名“花粉娃娃”图像，全场欢呼雀跃。

蜂花粉是前列腺疾病的克星，其中以青海产油菜蜂花粉效果最佳，通过油菜蜂花粉治疗前列腺疾病的动物模型试验表明，油菜蜂花粉具有抑制前列腺增生的作用，对泌尿系统平滑肌张力有调节功能，对体外前列腺细胞生长有抑制作用。油菜花粉中所含谷氨酸、脯氨酸等 20 多种氨基酸，可以改善前列腺组织的血液循环，减轻水肿，缓解前列腺肥大引起的尿道梗阻。

1987 年，在房柱教授参加的国家星火计划项目——“新型蜂花粉产品开发”的审验会上，油菜蜂花粉作为防治前列腺疾病的植物药通过了鉴定与验收。

我国浙江老年病研究所用蜂花粉治疗前列腺增生病例 100 例，年龄 49～72 岁，平均 61.7 岁，病程 1～15 年，平均 6.2 年。口服花粉，每日 3 次，每次 1.5～2g，疗程 1～8 个月，平均 2.5 个月。临床观察花粉对患者自觉症状的疗效，100 例患者中，主诉有夜间排尿 89 例（89%），排尿费劲 83 例（83%），尿流变细 65 例（65%），尿后滴沥 90 例（90%），尿急 56 例（56%），尿痛 31 例（31%）。100 例前列腺增生患者经花粉治疗，总有效率超过 84% (表 5-3) 。

表 5-3 蜂花粉对前列腺增生症状的疗效

症 状	例数	症状改变例数		有效率/%
		改善	消失	
夜间排尿	89	63	8	79.8
排尿费劲	83	27	40	80.7
尿流变细	65	36	19	84.6
尿后滴沥	90	61	16	85.6
尿急	56	20	25	80.4
尿痛	31	8	21	93.5

江苏南通市第一人民医院用花粉治疗 136 例前列腺炎患者，总有效率达 74%。国际上，同样有许多利用蜂花粉治疗前列腺炎并取得令人满意效果的病例。罗马尼亚的内分泌专家米哈衣雷斯库博士使用的蜂花粉制剂治疗前列腺炎 150 例，有效率 76%。日本长崎大学医学部泌尿科斋藤博士报道过去治疗慢性前列腺炎需要很长时间，且治疗期间会反复发作。现在用花粉治疗，短时间内就出现症状的改善，其有效率为 80%。瑞典郎德普博士用花粉治疗 100 例前列腺炎患者，有效率为 80%。

二、养血：改善骨髓造血功能

骨髓有核红细胞是人体的造血组织，正常人体内红细胞数、血红蛋白浓度以及红细胞比积维持在一定范围内。如果由于某些原因使细胞生成减少，破坏增加或丢失过多，导致细胞数、血红蛋白浓度及红细胞比积低于正常，西医学称为贫血，中医学称为气血不足。

蜂花粉有利于促使受创的骨髓尽快恢复功能，加快造血组织的修复和血细胞的新生，对保证造血功能的正常运转发挥积极作用，从而改善贫血与气血不足。

1. 一般性贫血

1957 年，法国养蜂学家蔡文通过临床实验证实了蜂花粉对贫血，特别是对幼儿贫血有显著的疗效，它能使红细胞和血红蛋白含量快速增长。

1974 年，苏联学者在第二届国际蜂疗学术讨论会上报道，用蜂粮治疗 20 例低血红蛋白性贫血患者，所有获得蜂粮治疗的患者不开给其他抗贫血药物，经治疗病情好转，表现为精神饱满，食欲增加，心情愉快，体重增加；头痛、虚弱无力、头晕均消失，客观指征显示表皮和黏膜苍白程度减轻，血红蛋白、红细胞和血色指数增长（表 5-4）。第 29 届国际养蜂会议报道，保加利亚医生用花粉治疗贫血患者 50 例，亦获良好效果。

表 5-4 蜂粮对低血红蛋白性贫血患者验血指标的影响

验血指标	治疗前	治疗后
红细胞	250～310	360～410
血红蛋白	7.9～10.1	10.5～12.3
血色指数	0.7～0.8	0.8～0.9
血沉	14～36	8～21

2. 肾性贫血

慢性肾功能衰竭的患者，其贫血的发病率在 95%以上，慢性肾功能衰竭贫血的原因是多因素的，主要是红细胞生成减少、红细胞破坏增多及出血素质引起的红细胞丢失所致。原北京军区总医院肾科韩永新主任（1993 年）等在南京举行的第二届国际蜂疗大会上报道用花粉治疗 22 例慢性肾功能衰竭严重贫血患者，每日服用花粉 3 次，每次 2 克，连服 1 个月，临床结果表明，花粉在辅助性治疗慢性肾衰竭贫血上效果良好。

3. 再生障碍性贫血

再生障碍性贫血是由不同病因引起的骨髓造血功能障碍的一种综合征。蜂花粉辅助治疗再生障碍性贫血效果良好。苏州医学院附属第一医院邵景间医师等用蜂花粉治疗 38 例再生障碍性贫血，每天服用花粉 3 次，每次 5 克，饭后服用，疗程为 6 个月，临床观察诊断结果为明显进步 20

例（52.6%），进步 10 例（26.3%），无效 8 例（21.1%），总有效率为 78.9%。6 个月疗程后继续随访，随服用花粉时间延长，其效果增强，显示花粉可以用于辅助治疗再生障碍性贫血。

云南省人民医院与昆明医学院药理研究室协作，通过再生障碍性贫血患者服用荞麦蜂花粉与油菜蜂花粉前后骨髓有核红细胞分裂指数的计数，表明蜂花粉对再障患者骨髓红细胞的增生有一定的促进作用。7 例再障患者服用蜂花粉前骨髓有核红细胞的分裂指数为 1.21%，服用后上升为 10.57%（表 5-5、表 5-6）。

表 5-5 花粉对再障患者治疗前后骨髓有核红细胞有丝分裂增长比较

组别	人数	观察细胞数	服用花粉前后各人的骨髓有核红细胞分裂指数							
治疗前	7	3500	1	0	2.5	0	0	0	5	× 1.21
治疗后	7	3500	9	15	10	10	7	9	14	× 10.57

表 5-6 再障患者服用花粉前后骨髓有核红细胞分裂指数

病例数	服用花粉量（克）	骨髓有核红细胞分裂指数（%）	
		用药前	用药后
患者方某某	2700	1.0	9.0
患者陈某某	3300	0	15.0
患者汪某某	3600	2.5	10.0
患者马某某	1500	0	10.0
患者张某某	2100	0	7.0
患者杨某某	2400	0	9.0
患者孟某某	1800	5.0	14.0

2009 年，唐维坤等在泰国清莱皇太后大学举行的第 9 届国际蜂疗大会上报道与云南省人民医院、昆明医学院协作，进行花粉对雄性大鼠骨髓有核细胞的作用和花粉对受环磷酰胺处理后大鼠骨髓有核细胞影响的实验研究，实验表明花粉对雄性大鼠骨髓有核细胞有明显的增生作用，

花粉对烷化剂环磷酰胺损伤的大鼠骨髓造血功能有一定的恢复作用。

三、养护人体心脑血管

心脑血管疾病是中老年人发病率和死亡率高的一类疾病，是严重威胁人类生命健康的一大问题。一般认为，降低血脂、增加血管强度，减少血管硬化的形成，可有效减少心脑血管疾病的危险。

研究证明，蜂花粉中所含的黄酮类化合物可以有效清除人体血管壁上沉积的脂肪，可起到降血脂和软化血管的作用。

油菜蜂花粉所含黄酮醇、原花青素特别丰富，黄酮醇、原花青素能增强毛细血管强度，降低胆固醇和甘油三酯，防止脑出血和视网膜出血、静脉曲张性溃疡，预防改善心脑血管疾病。

荞麦花粉中的芸香甙、蛋黄素也比其他花粉高，原花青素亦高达147.0~306.9 毫克/100 克，尤其三烯酸含量高达 8.57~11.06 毫克/100 克，芸香甙、蛋黄素、原花青素均具有增强毛细血管弹性和强度，可软化血管，对血管壁起保护作用，可降低胆固醇，促进创伤愈合，强心和抗动脉粥样硬化作用。

此外，蜂花粉中所含的必需脂肪酸也有利于心脑血管疾病。

北京卫戍区医院张震主任等用蜂花粉治疗 102 例高血脂患者，临床结果表明，花粉对高胆固醇血症及高甘油三酯血症均有效。临床病例一个疗程血脂降至正常者 80.3%。

保加利亚医生奥尔吉也娃等用蜂花粉治疗高血脂患者 60 例，脑动脉粥样硬化患者 40 例，每日服花粉一食匙，每日 3 次，连续 30 天。结果表明，患者胆固醇、游离脂肪酸、甘油三酯、脂蛋白皆明显下降，动脉硬化症状均普遍缓解。

四、改善胃肠功能，养肝

花粉对胃口不佳、消化吸收能力差、慢性胃炎、胃溃疡、习惯性便秘等胃肠功能紊乱者，有明显改善效果。对沙门氏菌、大肠杆菌也有良好的灭杀作用。花粉改善便秘不受年龄、性别、便秘史和治疗史的影响，治疗作用缓和，无腹泻等副作用，表现为排便时间和间隔明显缩短，粪便变软，便量增加。因此，蜂花粉被称为"肠道警察"。

上海华东医院医师包信一等给21例胃肠功能紊乱的患者每日服用花粉，临床结果表明，连续服用3个月后，总有效率达90%以上。解放军208医院医师张俊等用花粉治疗220例慢性胃炎（其中萎缩性胃炎100例），总有效率达85%，其中慢性萎缩性胃炎有效率达78.25%以上。

大多数花粉在调理肠胃，促进消化方面均具有作用，相比而言，较为突出的是向日葵花粉和松花粉，松花粉的营养成分特点是膳食纤维丰富，含量达40%~50%，膳食纤维目前认为是第七营养素，具有多种生物功能。松花粉经动物模型实验表明，可以提高肠肌活动，具有润肠通便功效。

解放军总医院老年医学研究所周建群等用花粉治疗便秘171例，10天内可缓解或解除便秘症状，有效率达95.9%（7例无效，占4.1%）。

此外，花粉还具有养护肝脏的作用，花粉中含有丰富均衡的营养物质有利维护肝脏的代谢平衡。

保加利亚医师E.Gheorghiea和V.Vassilev用蜂花粉治疗212例乙型肝炎患者，疗程1～3个月。结果显示，花粉对乙型肝炎常见的乏力、食欲差、腹胀、肝区痛等症状均有明显改善作用，经花粉治疗212例患者肝功能有明显恢复。

云南中医学院肖瑞崇等（1987年）用花粉片治疗各种临床类型的病毒性肝炎54例，结果也认为，作为辅助治疗的食物，慢性肝炎患者应长期服用花粉。

五、改善失眠，改善健忘，改善注意力

蜂花粉对神经系统的作用，在于为脑细胞的发育和生理活动提供丰富的营养物质，促进脑细胞的生长，增强中枢神经系统的功能和调节平衡，使大脑保持旺盛的活力。

杭州大学心理系采用"双盲法"，给青年学生服用蜂花粉磷脂对记忆力影响进行试验。结果，实验班的记忆成绩提高 7.3 分（$P<0.01$）；对照班的记忆成绩提高 4.23 分($P<0.05$)，说明服用花粉磷脂能增强记忆力。另据报道，服用花粉对老年男性记忆力有显著提高。

江苏南通市第一人民医院对 80 例神经衰弱患者进行花粉治疗的临床观察结果表明，75 例得到不同程度的改善。

根据临床实践证明，荞麦花粉可以有效缓解人体因气血不足所引起的失眠症状。

六、增强体力，消除疲劳

蜜蜂是不知疲倦的飞行“运动员”和“劳动者”，之所以具有如此强大的运动耐力，主要是因为它们以花粉和蜂蜜为食品。现已证实，人类食用花粉可以增强体力和耐久力。

国家科委科研所对蜂花粉能否提高运动能力进行研究。受试人食用花粉之后，全面检测其身体各项指标，如血压、脉搏、肺活量、握力、腰背力和功率自行车定量负荷 PWC170（心率达 170 次/分时的身体做功的能力），跑台技能试验等。结果表明，运动员食用蜂花粉前后 PWC170、跑台指数、左右手握力、腰背力以及一级定量负荷等变化非常显著，表明花粉对提高心脏工作能力、对运动员的身体素质、腰背肌的力量，尤其是耐力的增强是非常明显的。

花粉成为体育界的宠儿，许多国家的运动员食用花粉，使成绩显著提高。1972 年第 20 届奥林匹克运动会 5000 米和 10000 米长跑冠军拉塞·维伦（Lasse Viren）以及芬兰的其他与会运动健儿，均是把服用花粉作为训练计划内容的一部分。

日本专家对橄榄球队进行试验表明，运动员服用花粉后背肌有力，握力提高，肺活量增加，并能有效地消除疲劳。

浙江省体育工作大队等（1983 年）给 155 名运动员食用，连服一个月后 155 人中有 71.39%自觉花粉增加了体力、耐力，在客观检测中也得到证实。田径队员叶连英给服花粉后血红蛋白上升较快，在第 5 届全运会上始终保持最佳竞技状态，打破了 7 项全能亚洲纪录，获得 7 块金牌。

笔者日常生活中习惯将蜂花粉作为运动补充剂，在 2010 年业余击剑联赛总决赛中，获得男子重剑冠军。

花粉是一种既能快速释放能量而又不致使消化道负担过重的食物，含有肌肉在收缩过程中所必不可少的常量和微量元素、酶以及对运动后能量恢复有重要作用的生物活性物质。花粉富含增进与改善细胞氧化还原能力的物质，因此，常服花粉可以增强体力、加快疲劳消除。

花粉中含有氨基酸、核酸以及丰富的微量元素，使得花粉具有很好的抗疲劳效果，其中紫云英花粉因氨基酸、核酸和微量元素含量丰富，从而抗疲劳效果更佳。

七、抵抗辐射与化疗损伤

花粉的药理研究表明，它具有多方面的抗辐射效应，可以改善 X 射线引起的皮肤损伤。

著名花粉专家 Osmamagic 教授曾用花粉治疗 X 射线引起的皮肤损伤，获得很好的效果。他们用花粉治疗 90 名不同程度放射性皮肤损伤、并伴有体重减轻、恶心、呕吐、有肝损伤的症状。在 90 名患者中（其中 12 名患者有贫血），随机选 29 名为花粉组，服用花粉 40 天，另 30 名患者服用安慰剂，其他 31 名不做治疗为对照组。服用安慰剂和不做治疗的 61 名患者，皮肤及其他症状未见改善。花粉组的 29 名患者中，有 10 名效果非常明显，皮肤损伤及其他放射性不良反应消失；14 名症状有明显改善，3 名有较大改善，只有 2 名症状仅稍微改善。显示花粉对 X 射线引起的不良反应有治疗作用。

杭州大学生物系王维义所做的一系列实验表明，花粉能有效地防止放射线及化疗药物对机体造成的损伤，对机体起到良好的保护作用。当前辐射技术应用于各个方面，从事辐射工作的人数众多，花粉作为广大辐射工作人员的防病养生食品是上佳的选择。

八、抗高原反应

军事医学科学院卫生学环境医学研究所彭洪福研究员等在《中华医学杂志》1990 年第 2 期发表《花粉提高机体缺氧耐力以适应高原环境的研究》，用花粉灌喂动物进行耐缺氧实验，结果发现花粉能显著提高机体的缺氧耐力，使能量代谢以及有关酶活性的多种指标朝正常方向发展，促使代谢诸环节的变化有利于机体对环境的适应，防止机体内过氧化作用的主要酶活力维持在正常水平，提高脑组织及动脉血氧分压，降低氧耗量及乳酸含量。

彭洪福等在喀喇昆仑山和西藏高原现场进行花粉预防急性高山反应的效果观察，从现场验证结果看出，花粉预防高山反应的效果是明显的：基本无反应率比对照组高 2 倍，中度反应率和轻度反应发生率均明显低于对照组（表 5-7）。

表 5-7　喀喇昆仑山现场花粉预防急性高山反应效果观察

时间（年）	组别	人数				百分率		
		无	轻	中	总数	无	轻	中
1985	对照	7	10	3	20	35.0	50.0	15.0
	花粉	36	18	1	55	65.4	32.7	1.9
1987	对照	7	13	8	28	25.0	46.4	28.6
	花粉	31	13	2	46	67.4	28.3	4.3

注：无、轻、中代表基本无反应、轻度反应、中度反应。

房柱教授年届 80，常服房蜂堂蜂花粉。2015 年 9 月 6 日，登临五台山东台顶，海拔 2795 米，无任何高原反应。在东台顶望海寺会见主持僧觉一法师，法师书赠“寿”字并合影留念（图 5-3），切身体验到蜂花粉在预防高原反应方面的效果。

图 5-3 房柱教授与觉一法师合影

2016 年 7 月，60 年蜂疗养生研究者、受益者、年逾八旬的房柱教授亲赴西藏农牧科学院作专业交流和考察，步履轻盈地登上了海拔 3700 米的布达拉宫（图 5-4、图 5-5）。

图 5-4 房柱教授与房冰会见养蜂所王文峰所长

图 5-5 房柱教授与房蜂堂公司随行人员合影留念

九、控制血糖

蜂花粉中纤维素含量丰富，能有效控制血糖。研究发现，高纤维的饮食有助于糖尿病患者控制血糖，其效果要比过去所使用的饮食方法更好。

花粉壁中的果胶可延缓食物中葡萄糖的吸收速度，使糖的摄入减少，还能增加饱腹感，防止餐后血糖急剧上升。同时，花粉中可溶性纤维吸收水分后，还能在小肠黏膜表面形成一层“隔离层”，从而减少肠道对葡萄糖的吸收。此外，蜂花粉中的纤维还可以增加胰岛素的降糖效果，既减少对胰岛素的需求，又能有效控制血糖的浓度，有利于糖尿病病情的改善。膳食纤维控制血糖的作用对于正常人的健康也十分有利。

第四节 蜂花粉养颜美体价值的研究

在日本，花粉被誉为“美容之源”，有“梳妆台前一百次，不如一次纯花粉”的美谈。蜂花粉美容养颜广为人知，常服花粉可使皮肤滋润、细腻、有光泽，减少黄褐斑、皮肤皱纹，具有抗老化的作用，花粉养颜机理的研究涵盖以下几个方面：

一、改善气血、营养皮肤、内外兼养

中医认为人体气血与容颜有着密切的关系，容颜是人体气血的外在表现，“气血旺容颜自然好”，气血不足的人“面色萎黄”，花粉所具有的养血作用，可以根本上起到养血养颜的作用。

蜂花粉含有丰富的蛋白质、多种氨基酸、胡萝卜素(在体内转变为维生素 A)、维生素 E、微量元素硒、磷脂、核酸等多种护肤成分可以营养皮肤，保持皮肤的健康。

蜂花粉中的核酸能促进皮肤细胞再生，保持皮肤充满活力。磷脂可修复被自由基损伤的皮肤细胞膜，使膜的生理功能恢复正常，从而增强皮肤抵抗能力和排除代谢废物的能力。磷脂还具有乳化性，可降低血液的黏度，促进血液循环。

二、清除自由基

人体衰老和体内的超氧化物歧化酶（SOD）、过氧化物质(LPO)、脂褐质的含量有关，而自由基是形成脂褐素的关键，增强 SOD 活性，降低 LPO 及脂褐质的含量，清除体内过多的自由基则有助于延缓机体衰老。

蜂花粉中的维生素 E、维生素 C、β-胡萝卜素、SOD 等能清除机体代谢过程中所产生的过量自由基，可延缓皮肤衰老和脂褐素沉积的出现。

除此以外，蜂花粉中还含有过氧化氢酶和过氧化物酶以及丰富的还原物质，它们能消除体内过多的过氧化氢，预防过氧化物的产生，抑制了脂褐素的形成。

三、防止便秘、改善睡眠

宿便与失眠是美容的大敌，孙思邈在其《千金要方》中记述："便难之人，其面多晦。"宿便中的毒素会侵害肌肤的健康，临床实践证明，食用蜂花粉能有效改善人体便秘，及时清宿便排毒素，保持体内清洁。此外，蜂花粉可改善神经衰弱，改善失眠，对美颜也具有一定的帮助。

四、有助减肥、美体轻身

肥生百病，绝非危言耸听。据医学统计：肥胖者的心脏病、高血压、糖尿病的发病率是正常体重者的 3 倍；动脉硬化的发病率是正常体重者的 2～3 倍；癌症的发病率是正常体重者的 2 倍。肥胖还容易引起如中风、高血脂、呼吸道疾病、皮肤病等多种疾病。

肥胖不仅危害健康，而且影响美观。多项研究表明，蜂花粉有助于减肥，常服蜂花粉可以给人体提供均衡合理的营养，增加饱腹感，轻松减肥。蜂花粉中含有丰富的 B 族维生素和卵磷脂能消除多余的脂肪，从而达到美体轻身的目的。

第五节 蜂花粉的食用安全性

蜂花粉是集食疗、美容于一体的天然健康食品，其食用安全性已经国家及相关单位证实。我国卫生部将玉米、油菜、向日葵、荞麦、芝麻、紫云英、高粱等花粉批准为食品级管理。云南省相关单位对蜂花粉进行的急性毒性、长期毒性、特殊毒性动物试验也证明了蜂花粉的食用安全性。

云南天然药物药理重点实验室采用最大给药量法对荞麦花粉、油菜花粉进行小鼠灌胃急性毒性试验，结果显示，小鼠一般状态良好，未出现明显毒副反应，最大给量为20.0克/40毫升/千克体重。

昆明医学院王懋德等报道了云南蜂花粉长期毒性的动物试验结果：花粉每日10克/千克体重，灌胃90天对大白鼠肝、肾功能未见明显影响；对大白鼠肝、肾与体重的比值，肾上腺、脾、阑尾的重量及长度亦无影响；对大白鼠血红蛋白、红细胞、白细胞计数，白细胞分类及血小板计数亦未发现异常变化；对大白鼠心、肝、肺、肾上腺等组织学上亦未见特殊病理改变；心电图上，心率、心律、P波、QR波群、ST段位置、T波波形亦未发现异常现象。

国营昆明南坝食品厂廖成龙等报告：幼年雄性大鼠灌服花粉65～90天，体重有明显增加；65天后红细胞与血小板明显增加；90天后血红蛋白也有明显增加；花粉不改变大白鼠血清蛋白和球蛋白含量，不增加GPT活性，不增加血尿素氮，提示对大白鼠肝、肾功能无不良影响；心电图亦未见异常。认为花粉属于无毒无害的营养物质。

此外，中国科学院昆明动物研究所刘爱华、胡嘉想等报告的花粉特殊毒理动物试验表明，蜂花粉对雄性大鼠睾丸精母细胞减数分裂染色体畸变未见损伤作用，对TA98及TA100菌株没有致突变作用。

以上的研究证明了蜂花粉是一种安全的天然营养食品，可长期服用。

第六节 常见蜂花粉功效差异的探索

花粉的特点是营养全面而且配比平衡，是天然的营养品，但由于不同种类蜂花粉含固有的植物药成分，所以既有共性，又有其个性，具有各自特有的功用（图 5-6）。花粉种类甚多，上海同济大学王开发教授等就我国常见的玉米、油菜、向日葵、荞麦、芝麻、紫云英、高粱等蜂花粉以及马尾松花粉其所含营养成分的差异以及药理药效试验的资料，对其功效进行深入的探讨。

图 5-6 不同种类的蜂花粉

研究表明，玉米、高粱花粉具有提高免疫功能、抑瘤、防治心脑血管疾病效果。向日葵花粉可以提高免疫功能、美容和调节胃肠功能，亦可作为长智的儿童营养品。油菜花粉对前列腺疾病和心脑血管疾病有很好的防治效果，也具有辅助治疗癌症的功效。松花粉具有抗疲劳、润肠通便、抗辐射、防治化学肝损伤以及外用止血消炎的作用。紫云英花粉具有促生长、增强智力发育、抗疲劳的功效。芝麻花粉可以美容、护发，具有调节血糖和延缓衰老的功能。荞麦花粉可以防治心脑血管疾病和消炎，对前列腺疾病亦有一定的效果，此外荞麦花粉还具促进骨髓造血功能改善气血的作用。

第六章 高活性的强身抗老因子蜂王浆

第一节 蜂王长寿的秘密

一、神奇的蜜蜂王国

蜜蜂王国有着至少7000万年的历史，其成员有蜂王、工蜂、雄蜂组成，他们的生活像人类社会一样，分工明确，勤劳团结，井然有序。工蜂是王国数以万计的劳动人民，它们不但要采花酿蜜、哺育后代、守卫王国，还担任“乳娘”，分泌蜂王浆给蜂王终身服用。

蜂王在蜜蜂王国中就像人类社会的“国王”，每群蜜蜂王国中有一个蜂王，她负责统领全国，一旦失去蜂王，整个王国将失去凝聚力，秩序大乱，成员分裂，各奔东西，正所谓“国不可一日无君”。蜂王除了统领全国还负责繁殖后代，保证王国的“人丁兴旺”，像人类国王有“三宫六院七十二妃”一样，王国还特意供养了一群游手好闲的“雄蜂”，专门用于蜂王交配，蜂王进入“婚飞”交配的喜期，雄蜂争先恐后成为她的伴侣，交配后的雄蜂，生殖器留在蜂王体内，奉献了自己的生命，为王国的兴旺做出了贡献。

二、蜂王长寿的秘密

作为蜜蜂王国的国王，蜂王尊贵的身份地位是不言而喻的，蜂王的寿命可长达5～6年，而同样由受精卵发育而成普通工蜂，采蜜期寿命仅30～50天，可见蜂王的寿命是普通工蜂的几十倍，因此蜂王被誉为蜜蜂王国中的“超级寿星”。

蜂王能够成为“超级寿星”的秘密就在于蜂王终身以蜂王浆为食物。蜂王浆，又可称为蜂皇浆、皇浆、蜂乳、王浆，是5～15日龄工蜂舌腺及上颚腺所分泌的乳白色或淡黄色乳状液体，类似于蜜蜂的“乳汁”，蜂王之所以有如此长的寿命和蜂王自始至终以蜂王浆为食是密不可分的。

第二节 蜂王浆功效成分的研究

为了解开蜂王浆促进长寿的秘密，研究蜂王浆的功用，人们于 1852 年开始分析其化学成分，发现蜂王浆是一种极其复杂的天然物质，含有人类目前已认知的，以及尚未分析出的多种营养与活性成分。

一、蛋白质、氨基酸，牛磺酸

蜂王浆含有蛋白质和 20 多种氨基酸，而且大多以游离状态存在，易被人体吸收和利用，蜂王浆所含的蛋白质中 2/3 是白蛋白(水溶性)，1/3 球蛋白(α、β、γ)，与人体血液中的血清白蛋白、球蛋白相似。

蜂王浆中含丰富的游离氨基酸——牛磺酸，研究证实，每 100 克蜂王浆中含有近 21 毫克牛磺酸，牛磺酸是大脑含量最多的游离氨基酸之一，是大脑神经元（脑细胞）之间相互传递信息的介质，它能促进神经元网络的形成和延长大脑神经元存活的时间，进而对于改善记忆，降低血糖，调节血压等有一定的意义。

二、多种 B 族维生素，乙酰胆碱

蜂王浆中含有 16 种以上的维生素，除了含有少量维生素 A、维生素 C 以外，B 族维生素的含量丰富，种类较多，特别是其中所含有丰富的乙酰胆碱，是大脑重要的营养物质。

人的脑组织有大量乙酰胆碱，但乙酰胆碱的含量会随着年龄的增加而下降。老人比青年时下降 30%，而老年痴呆患者下降更为严重，可达 70%~80%。美国医生伍特曼观察到老年人脑组织乙酰胆碱减少，就给老年人吃富含胆碱的食品，发现有明显的防止记忆减退的作用。英国和加拿大等国的科学家也相继进行了研究，一致认为只要有控制地供给足够的胆碱，可避免 60 岁左右老年人记忆力减退。所以，保持和提高大脑中乙酰胆碱的含量，是解决记忆力下降的重要途径。在自然界，乙酰胆碱

多以胆碱的状态存在于蛋、鱼、肉、大豆等之中，这些胆碱必须在人体内起生化反应后，才能合成具有生理活性的乙酰胆碱。而蜂王浆中的乙酰胆碱可以直接被人体吸收利用，而且含量还很丰富，经常服用蜂王浆可以提高脑内乙酰胆碱的含量，从而激活脑神经传导功能，提高信息传递速度，增强大脑记忆能力，全面改善脑功能，能延缓大脑衰老，预防老年痴呆。据日本学者测定，每100克蜂王浆中含有95.8毫克乙酰胆碱。

三、胰岛素样多肽、多种活性酶类

蜂王浆中还含有类似胰岛素的多肽物质，这种多肽物质具有降低血糖的作用，糖尿病患者或高血糖的人可以服用蜂王浆辅助调节血糖；1997年，在东京举办的第四届国际蜂疗大会上，日本爱媛大学医学部奥田拓道教授等报道，实验证实蜂王浆具有胰岛素样作用还与10-HDA阻碍肾上腺素的脂肪分解有关。

此外，蜂王浆中还含有超氧化物歧化酶（SOD）、抗坏血酸氧化酶、葡萄糖氧化酶、胆碱酯酶、酸性磷酸酶、碱性磷酸酶、脂肪酶、淀粉酶、醛缩酶、转氨酶等多种活性酶类。如刚生产的蜂王浆SOD活力为130单位/克，对于延缓衰老，改善新陈代谢具有良好的作用。

四、蜂王浆标志物质10-羟基-2-癸烯酸（10-HDA）

蜂王浆含有20多种游离脂肪酸，包括亚油酸、花生酸、壬酸、辛酸、癸烯酸等。其中10-羟基-2-癸烯酸，简称：10-HDA是在自然界中仅蜂王浆含有的，是蜂王浆的标志物，又称为王浆酸（图6-1）。

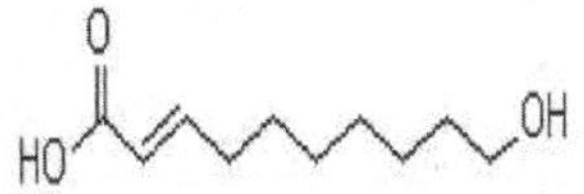

图6-1 蜂王浆中的特性物质：10-HDA

王浆酸是蜂王浆抗菌、抗癌、增强免疫力的主要功用成分，研究表明，蜂王浆对金黄色葡萄球菌、链球菌、变形杆菌、大肠杆菌、伤寒杆菌、枯草杆菌、结核杆菌以及星状发癣菌和表皮癣菌有抗菌作用。低浓度时可以抑菌，高浓度具有杀菌作用。

五、蜂王浆特殊延寿因子

蜂王浆蛋白质的主体 MRJP 家族是国内外学者的研究热点，从 MRJP 家族蛋白的单体分离、结构与功能到基因表达的研究，涉及免疫调节、抗菌、抗肿瘤、促细胞生长、使蜜蜂幼虫变成蜂王和监测蜂王浆新鲜度等，但仍有许多未解之谜。2015 年已查明蜂王浆蛋白中的 RJP60 是特殊的延寿因子，为蜂王是“超级寿星”和蜂王浆制剂用于人体延缓衰老提供了依据。

六、蜂王浆主蛋白 MRJP1，也称 Royalactin

2018 年 12 月 4 日，美国斯坦福大学科学家团队在《自然-通讯》杂志中发表的一篇研究表明：蜂王浆中的主要活性成分——名为蜂王浆主蛋白 1（MRJP1，也称 Royalactin）的蛋白质，能激活一个增强干细胞再生的基因网络，维持干细胞的多能性。这意味着在 Royalactin 的帮助下，能产生更多的干细胞来构建和修复自身。该研究团队负责人 Kevin Wang 博士说：“我们已经明确了蜂王浆的作用机制，它能使干细胞处于一种自我更新的状态。”中国科学院也对此研究进行了报道（图 6-2）。

图 6-2 《自然-通讯》杂志与中国科学院网站报道 MRJP1

七、神秘的 R 物质

蜂王浆中，有 2.84%～3.00%的成分到目前为止尚不能确定其化学成分，被学术界称为 R 物质。据日本最新研究证实，这些 R 物质对于蜂王成长具有重要的意义，希望在不久的将来能将 R 物质之谜一一解开。

此外，蜂王浆中还含有钾、钠、镁、钙、铁、锌、铜、锰等多种微量元素、单糖（葡萄糖、果糖）、核苷酸、生物嘌呤、微量保幼激素。

第三节 冷冻干燥技术保持蜂王浆活性与品质

蜂王浆是蜜蜂食用花粉、蜂蜜，经过体内消化吸收，分泌出来的物质，蜜蜂生产的蜂王浆品质的高低与蜜源、环境、养蜂法有关系。在我国，产自青海高原的蜂王浆一直备受国内外客商的青睐，青海高原地处高海拔地区，这里阳光充足、空气洁净、病虫害少，油菜花盛开时，蜜蜂分泌的蜂王浆 10-HDA 含量高、品质好。除了蜜源、环境因素，应倡导回归自然的养蜂法，提升蜜蜂生态，提高蜂王浆的品质。

蜂王浆是高活性的营养物质，其所含有的多种功效活性成分遇热不稳定，中国农科院蜜蜂所吴粹文、张复兴（1990 年）曾报道贮存温度和时间对蜂王浆中具有杀菌功用的葡萄糖氧化酶(GOD)活性影响试验，试验结果表明只有在－18℃以下才能较好地保持蜂王浆中 GOD 的活性。其试验数据详见表 6-1：

表 6-1 不同贮存温度下王浆中 GOD 活性变化表

贮存温度（℃）	贮存日期	贮存天数	GOD 活性(U/蜂王浆)	GOD 活性下降%
27～30	6 月 15 日至 8 月 9 日	55 天	降 3.58→0.09	97.48
－5			降 3.58→2.20	38.54
－18			降 3.58→2.90	18.99
－33			降 3.58→3.25	9.2

唐朝忠(山西农大)、原有禄(山西农科院)（1999 年）报道了温度变化和贮存时间与对蜂王浆中具有清除自由基、抗衰老功用的 SOD 活力影响试验，试验结果表明在低温下，鲜王浆中的 SOD 活力才能得以保持。其试验数据详见表 6-2：

表 6-2 不同贮存条件下蜂王浆 SOD 活力测定结果

贮存温度(℃)	－18	－18	－4	5
贮存时间(天)	1	30	10	10
抑制率(%)	50	46	43	0
酶活力(单位/克)	130	122	114	0

以上试验表明，蜂王浆中包括 GOD 和 SOD 在内的多种功效活性物质只有在低温下才能保存其活性。中国国家标准规定：鲜蜂王浆应在−18℃条件下保存，在常温下容易失去活性，使蜂王浆降低或丧失功用。如何有效地保存其活性成分一直很受人们关注，也成为确保蜂王浆品质与功效的关键所在。

图 6-3 蜂王浆冻干粉

1984 年，房柱教授向江苏省科委申请，成功主持研发了冷冻干燥蜂王浆技术，通过在超低温、高真空的条件下，将蜂王浆中的水分升华，营养干物质制成冻干粉（图 6-3）。冷冻干燥蜂王浆实现了生物活性物质的常温保存。

此外，在冷冻干燥过程中，蜂王浆中占总质量 2/3 的水分升华，所以冻干蜂王浆营养成分是普通蜂王浆的三倍，广大顾客普遍反映冻干蜂王浆便于携带、服用方便，而且效果好。

房柱教授在 1986 年《中国养蜂》杂志第 6 期发表《蜂王浆冻干制品的工艺》一文，公布了相关技术（《蜜蜂杂志》2014 年第 7、8 期连载房柱教授撰写的《蜂王浆及其冻干制剂的蜂疗养生作用》）。

第四节 蜂王浆的药理养生价值的研究

1954年，罗马教皇皮奥十二世80高龄，重病卧床不起，生命岌岌可危，采用了各种治疗方法，仍不见起色。正在绝望之际主治医生列亚基里首次尝试用蜂王浆对教皇进行治疗，教皇奇迹般地起死回生。第二年，他的主治医生在罗马召开的一次国际学术会议上公开了这一秘密。1956年，罗马教皇亲自参加世界养蜂大会，现身说法，诉说了蜂王浆让他起死回生的神奇功效。他说："蜂王浆是上帝赐给人类的神奇物质。"蜂王浆神奇的药用价值从此闻名世界。

我国国家卫生部、中医药管理局编著的《中华本草》详细记载了关于蜂王浆的药食养生价值的研究，其中第25卷216页中所记载蜂王浆的功能与主治如下：滋补、强壮、益肝、健脾；主治病后虚弱，小儿营养不良，老年体衰、白细胞减少症，迁延性及慢性肝炎，十二指肠溃疡，风湿性关节炎，高血压，糖尿病，功能性子宫出血及不孕症，亦可作癌症的辅助治疗剂。《中华本草》中还记录了蜂王浆的主要药理学作用的研究（图6-4）。

图6-4《中华本草》记载蜂王浆的药理作用

一、延缓衰老

《中华本草》记载蜂王浆的九大药理作用中，关于"延缓衰老"的作用是通过动物试验，证明蜂王浆能延长动物寿命，使细胞保持旺盛DNA合成能力，延缓细胞衰老。1997年，在第4届国际蜂疗大会上，日本癌症研究会附属医院妇科陈瑞东报道，对11例绝经五年以上的老年妇女服用蜂王浆，经一年半的观察，与年龄、身高、体重相当的对照组相比，阴道细胞学检测证明蜂王浆具有使阴道细胞分化的作用，包括内窥镜在内的临床观察，均显示出蜂王浆有延缓衰老的效果。

1999年，邹靖邦在吉隆坡召开的第五届国际蜂疗大会上，报告揭示湖南医科大学公共卫生学院对蜂王浆冻干粉抗衰老作用进行三周实验的研究结果：用Wistar成年小白鼠，随机分组，蜂王浆冻干粉可使小鼠心肌脂褐素含量降低18.48%，脑脂褐素含量降低23.46%，使脑单胺氧化酶(MAO)活性降低33.33%，血清丙二醛(MDA)含量降低10.35%，使血清超氧化物歧化酶(SOD)活性升高 21.72%，上述结果表明，蜂王浆有良好的延缓衰老效果。2013年，福建农林大学蜂疗研究所陈露等报道通过小鼠衰老模型研究蜂王浆抗衰老作用，结论是蜂王浆和蜂王浆蛋白可显著延缓衰老动物的寿命。

2015年查明发现蜂王浆蛋白中的RJP60(得率10.83%)是特殊的延寿因子。蜂王浆中存在的这种延寿因子，与线虫寿命试验、果蝇寿命试验结果一致：科学家对短寿的果蝇进行实验发现，饲喂蜂王浆的果蝇能活27.5天，未饲喂王浆的果蝇13.3天就死亡了，蜂王浆使果蝇寿命延长了一倍。

世界各地因服用蜂王浆而长寿的不乏其人。100多年前，俄国的缪尔巴赫教授，生平每日早晚恒服王浆蜜，到120岁时仍精力充沛。养蜂人萨法多·德赛因138岁时在公开他的长寿秘密时曾说：他经常食用蜂蜜王浆和露天工作，是他长寿的主要原因。前任西德大臣K•adenauer博士在84岁时得了一场病，使他不得不暂时放弃职位。后来他服用了蜂王浆，使他继续履职到87岁。阿拉伯酋长穆罕默德118岁时告诉医生，他长寿的原因是因为每天不间断地服用蜂王浆。2015年11月，房柱教授出访欧洲返回北京时，拜访了百岁老人诸葛群。作为《养蜂法》和《养蜂丛书》的主编诸葛群食用蜂王浆蜜近60年，每日早晚空腹食用蜂王浆5克兑适量蜂蜜，从未间断。诸葛老腰不弯，背不驼，精神矍铄，行动敏捷，记忆力强，思维清晰，语音洪亮。他1916年4月19日出生于浙江省兰溪县诸葛镇，是诸葛亮第48代孙（《蜜蜂杂志》2016年第1期的45-46页曾发表“访问蜜蜂寿星诸葛群”文稿）。

日本是世界上平均寿命最长的国家，其中原因当然是多方面的，就蜂王浆消费而言，早在20世纪60年代初蜂王浆就为日本消费者所青睐。日本是当今世界上蜂王浆消费最多的国家，其国民平均寿命长，相信与长期服用蜂王浆也有一定关系。正如日本玉川大学松香光夫教授所评价的：“多年来日本人的身高增加了，寿命延长了，受益于蜂王浆。”

国内外关于蜂王浆“延缓衰老”的研究与实践表明，蜂王浆不仅能延缓身体的衰老。使人体长寿，其更重要的是延缓人体脑部的衰老。蜂王浆中含有的牛磺酸、乙酰胆碱、超氧化物歧化酶（SOD）及其他活性营养物质，可以增强大脑神经元的数量，促进神经元网络的形成和延长大脑神经元存活的时间，减少自由基对脑细胞的伤害，对头脑思维能力、记忆能力的提高和改善有重要作用，从而有效地预防老年痴呆症的发生。

自由基造成的脂质过氧化是缺血性脑损伤的重要诱因，自由基的产生还会导致记忆障碍。蜂王浆中含有多种清除自由基的抗氧化营养物质。例如，SOD能够使自由基分解，抑制其生成，是主要的酶类自由基清除剂之一；维生素A、维生素C、维生素E是天然的抗氧化剂，被称为抗氧化营养素，能抑制自由基的形成，在清除过多的自由基方面有良好的作用。

脑内的核酸和蛋白质是大脑记忆功能的物质基础。随着年龄的增长，人体自身合成核酸的能力逐渐减弱，蜂王浆中含DNA390~480毫克/100克、RNA20.1~22.3毫克/100克，能直接补充体内因核酸不足造成的机体衰老。蜂王浆中含有牛磺酸，牛磺酸是大脑神经元之间相互传递信息的介质，并能促进神经元核糖核酸蛋白质的合成、神经元网络的形成和延长大脑神经元的寿命。

蜂王浆能提高脑组织中乙酰胆碱的水平和活力。现代研究认为，老年性痴呆主要表现为中枢胆碱功能衰竭，脑组织中胆碱乙酰化酶(CHAT)活性降低，导致脑内乙酰胆碱的缺乏，从而出现记忆力减退、行动迟缓等症状。而蜂王浆中的活性物质乙酰胆碱的含量较丰富，更为关键的是，蜂王浆中的乙酰胆碱可被人体直接吸收利用。因此，服用蜂王浆能提高脑中乙酰胆碱的水平，有利于提高智力、加强记忆力，改善老年痴呆的症状。

二、增强机体抵抗力

《中华本草》中记载蜂王浆具有增强机体抵抗力的作用。人体的很多疾病产生和机体抵抗力降低及免疫功能失调有关。增强抵抗力与免疫功能的方法有多种，服用蜂王浆是一种很有效的方法，长期服用蜂王浆的人很少患感冒就是一个很好的例证。

据武汉市劳动卫生职业病防治院梁秀兰（1994）研究表明，服用冻干蜂王浆对胆结石、胆囊炎、白细胞减少症、慢性肝炎等有显著疗效，在对其中一些病例治疗前后进行外周血检测分析结果还证实，蜂王浆对机体的免疫功能有较强的促进作用，明显提高免疫力。

蜂王浆是一种活性成分极为复杂的生物产品，对免疫系统可产生有益的影响，药理学动物实验证明，蜂王浆及其标志物 10-羟基-Δ^2-癸烯酸（10-HDA）可明显增强巨噬细胞吞噬功能，提高机体免疫力。

蜂王浆中的核酸、类胰岛素（活性多肽）、γ-球蛋白等，作为抗原进入人体，可刺激机体产生大量抗体，使血清中 IgG、IgA、IgM 含量升高，加强了体液免疫功能。

此外，蜂王浆还含有多种活性酶和辅酶、微量元素，这些活性物质有机地调节人体新陈代谢，调节消化系统和神经系统的平衡，从多个方面增强机体抵抗疾病的能力。

三、促进新陈代谢与组织再生

《中华本草》记载蜂王浆有促肾上腺皮质激素样作用，能调节肾上腺皮质机能，活化间脑细胞，从而加强新陈代谢，激发整个机体的旺盛活力，而且蜂王浆中含有的类腮腺激素能促进血清蛋白形成红细胞，增强人体血液的携氧能力，从而促进新陈代谢，使人充满活力，精力充沛。

《中华本草》动物药理实验证明：蜂王浆能促进受伤组织的修复和再生。给机械夹伤或切断坐骨神经的大鼠喂饲蜂王浆，可使损伤初期病理变化减轻，切断的神经纤维再生加快，损伤神经的后肢反射活动恢复加快；切除部分肝脏的大鼠每日口服蜂王浆后，肝细胞再生旺盛，而纤维细胞增生等病理变化则减轻，蜂王浆还可使大鼠肾组织重量增加，再生活跃。

四、降低血糖、调节血压

《中华本草》记录了蜂王浆降低血糖以及对心血管系统的药理作用，并推荐用于糖尿病、高血压。

糖尿病是由于胰岛素分泌不足，不能使血糖保持正常水平，造成糖代谢异常，并可引起多种并发症，目前还没有特效的治愈药物。

2014 年 9 月 19 日召开的“蜂王浆安全性评价及应用研究高层论坛”上，北京协和医院内分泌科糖尿病中心副主任肖新华教授做了《蜂王浆免疫调节作用对内分泌的影响》的报告，介绍了蜂王浆对糖尿病的作用机理：

（1）蜂王浆含有类胰岛素样的物质，其分子结构与牛胰岛素分子结构一致，具有很好的降糖效果。

（2）蜂王浆有促进组织细胞再生的作用。切除肝脏的大鼠灌服蜂王浆后，发现其肝脏组织有增生的现象，体积增大；对切除肾脏的大鼠服用蜂王浆，肾组织同样有修复、增质反应。

（3）蜂王浆中含有丰富的常量和微量元素，100 克蜂王浆干物质中含有 0.9 克以上，有的高达 3 克。研究表明，对糖尿病患者补充常量和微量元素有良好的治疗作用，特别是铬、镁、钙、锰、铁等元素。

（4）蜂王浆富含的维生素，对人体脂肪代谢和糖代谢能起到良好的平衡调节作用，研究表明，人体内维生素 E 含量低的人患糖尿病的危险是正常人的 4 倍，蜂王浆可以为机体补充维生素以降低患糖尿病的风险。

（5）蜂王浆有促进蛋白质合成的作用。胰岛素缺乏，蛋白质分解加强，肌肉中的蛋白质分解为氨基酸，氨基酸在肝脏通过糖异生成葡萄糖使血糖升高。研究表明，12 毫克蜂王浆对小鼠仅有微弱的蛋白质合成代谢作用，但剂量加至 18 毫克有明显的蛋白质合成作用。蜂王浆可促进蛋白质合成，从而降低血糖。

报告中罗列了大量临床试验数据，以证明蜂王浆对糖尿病的治疗作用。

辽宁省卫生职工医院，用蜂王浆治疗 2 型糖尿病患者 38 例，经 3 个月（1 个疗程）治疗的效果显示，总有效率为 92.1%，其中显效 23 例，占 60.5%；好转 12 例，占 31.6%；无效 3 例，占 7.9%。

推荐蜂王浆用于高血压的辅助治疗，主要归功于蜂王浆中含有丰富的乙酰胆碱、牛磺酸、游离脂肪酸（如亚油酸、花生酸）、核酸等营养成分。

蜂王浆中的乙酰胆碱和牛磺酸不仅能延缓衰老，而且还能增加动脉血流量，促进血液循环，防止动脉硬化、保护心肌的功能，调节心肌收缩力、具有双向调节血压的作用。美国医学博士弗兰克报道对防治动脉硬化、高血压相当有效。

蜂王浆中的核酸、游离脂肪酸，尤其是亚油酸、花生酸等，具有降血脂效果，此外，蜂王浆中的神经鞘磷脂、磷脂酰乙醇胺及 3 种神经节甙质等磷脂类物质具有乳化性，可降低血液的黏度。

我国著名的蜂学教授龚一飞的母亲叶兰英女士 70 岁时因血压有些高，开始服用蜂王浆。三十几年来，血压基本平稳，除了偶尔的波动需遵医嘱服药外，平时无需降压药，而且很少感冒，直到 106 岁才去世，百岁老人还经常与人玩牌，头脑康健，常年服用蜂王浆是她健康长寿的“幕后英雄”。

五、抗高血脂、高血凝和动脉粥样硬化

1995 年，上海医科大学沈新南等报道，应用蜂王浆冻干粉每日每kg 体重 0.7 克饲喂实验性高脂血症模型大鼠 6 周。结果发现，蜂王浆冻干粉能降低大鼠血清胆固醇(TC)含量，提高高密度脂蛋白胆固醇(称为好胆固醇，HDL-C)含量和降低动脉粥样硬化指数(AI)，与高脂对照组比较差异有统计学意义（$P<0.05$、$P<0.01$）。实验提示蜂王浆冻干粉具有防治高脂血症、动脉粥样硬化和改善血液高凝状态的作用。

动脉粥样硬化和高脂血症的防治，人们寻找了不少方法，多以饮食和药物来解决。饮食控制得太严格，营养供应就不足，结果虽然病是减轻了，但身体垮了。按常规讲这种病又不能滋补，所以成了一种矛盾。国内外学者反复试验证明蜂王浆对动脉粥样硬化和高血脂有良好的作用，而王浆又是滋补剂，这个矛盾一下子便解决了，这一点正说明蜂王浆作为一种天然生物补剂的特点，是多么重要。

六、促进睡眠

蜂王浆能有效调节神经机能，可以显著改善神经衰弱，促进睡眠。蜂产品研究专家严翔孙曾用蜂王浆治疗 40 例各种类型神经衰弱患者，效果显著者 26 例，好转者 11 例，总有效率达 92.5%。北京医学院第三附属医院用蜂王浆治疗神经衰弱患者，有效率达 100%，除症状好转外，还发现患者体重增加，贫血和体力都明显改善。

蜂王浆中含有人体所需的丰富氨基酸等多种生物活性物质，这些有效成分能抑制大脑皮层的兴奋性，镇静催眠，不仅可以提高入睡速度，还可提高睡眠质量，而且醒来后神清气爽，没有昏昏沉沉的感觉。长期坚持食用蜂王浆还可以调节内分泌系统，提高机体的抗逆力，增强记忆力。

七、益肝健脾与改善肠胃病

《中华本草》记录蜂王浆药性：味甘、酸、性平，具有滋补强壮、益肝健脾的功能，并推荐用于肝病和肠胃病。

蜂王浆能改善肝功能和保护肝脏。肝病患者处于蛋白质缺乏状态，尤其是清蛋白、必需氨基酸的需求增加，研究表明蜂王浆中的蛋白质约占干物质的 50%，其中 2/3 为白蛋白，1/3 为球蛋白，这和人体血液中的蛋白比例大致相似，蜂王浆中氨基酸含量非常丰富，含有人体所必需七大氨基酸，对受损肝脏有促进恢复的作用。

蜂王浆对肝脏病有良好的疗效。实验研究和临床实践证明，蜂王浆对骨髓、胸腺、脾脏、淋巴组织等免疫器官和整个免疫系统可产生有益的影响，不仅能刺激机体产生抗体，使血清总蛋白和丙种球蛋白含量增加，提高体液免疫功能，而且还能刺激淋巴细胞进行有丝分裂，使细胞转化增殖，白细胞和巨噬细胞的吞噬能力加强，提高细胞免疫功能，这是蜂王浆能治愈多种肝脏病的关键。

蜂王浆对肝脏营养、损伤肝脏的修复、肝脏解毒能力、免疫功能等方面都有很好的作用，集营养、免疫、抗病毒于一体，且无毒副作用，这是其他化学药物所不能比拟的。

蜂王浆对肠胃有调节作用，能增加食欲和吸收能力，北京医学院附属医院临床试验表明，萎缩性胃炎患者服用蜂王浆后，症状明显改善，体重增加。蜂王浆还能预防胃炎复发，提高消化功能，对胃及十二指肠溃疡、慢性胃炎等病症有显著疗效。

八、抗肿瘤以及抗辐射作用

攻克癌症是全球性难题，各国有无数学者通过不同途径在探索研究。蜂王浆抗癌作用在《中华本草》中已有相应记载。

1984 年，兰州大学刘力生等实验证明蜂王浆对小鼠辐射损伤有治疗作用。实验用昆明种雌性小鼠，体重 18～22 克，6 周龄，随机分为 4 组，每组 26～28 只。照射源用钴 60γ 射线，照射剂量率为 37R/分钟,全身一次照射 600R。预防用药为照前 7 天每天腹腔注射 10%蜂王浆 0.2ml/只，治疗用药是照后 1～2 小时，连续 7 天，剂量同预防组。结果表明：预防组 30 天存活率与对照组无差异。治疗组动物存活率比对照组提高 29%（$P<0.05$）。

1990 年，江苏省中医药研究所肿瘤科徐荷芬等报道，曾对 95 例恶性肿瘤患者服蜂王浆冻干粉治疗前后观察体液免疫指标：肿瘤患者治疗前 IgG、IgA 均高于正常，治疗后逐渐调整至正常范围；肿瘤患者治疗前补体 C3 明显低于正常值，治疗后显著上升至正常。提示蜂王浆冻干粉治疗能增强体液非特异性免疫功能。她们还报道 103 例恶性肿瘤患者服蜂王浆冻干粉治疗前后观察细胞免疫的变化：Ea 花环上升至接近正常，Es 花环呈下降趋势。提示蜂王浆冻干粉治疗能增强恶性肿瘤患者的免疫功能，尤其是 T 细胞功能，并能针对体内不同的免疫紊乱进行双向调节，这对延长恶性肿瘤患者的生存期是十分有效的。

1997 年，在第 4 届国际蜂疗大会上，北京医科大学林志彬教授等报道，蜂王浆标志物质 10-HDA 能明显抑制 S180 实体瘤生长、延长艾氏腹水瘤小鼠生存期，并能恢复小鼠因荷瘤所致的免疫功能低下。

在第 4 届国际蜂疗大会上，日本爱媛大学医学部奥田拓道教授等报道从蜂王浆中分离出对抗引起消瘦的癌毒素的物质，发现致人体消瘦的癌毒素——TOXIHOLMON-L 从癌细胞分泌出来，对人体脂肪细胞发生作用，促进现存脂肪分解，同时还作用于下丘脑食欲中枢，引起食欲减退。TOXIHOLMON-L 引起的脂肪分解和食欲不振，被认为是癌症患者表现出急剧消瘦的主要原因之一。本文查明，王浆中含有可以阻碍致人消瘦的 TOXIHOLMON-L 的物质，其中阻碍物质之一是 2-氨基葡糖(2-Glucosamine)。它是低分子水溶性成分，作者从蜂王浆中分离得 2-氨基葡糖的含量为 14.1 毫克/克。

从 1984 年 5 月起，江苏省中医药研究所肿瘤科用冻干蜂王浆辅助治疗恶性肿瘤 365 例取得了较好的疗效。本组病例大部分为中晚期患者，经过蜂王浆冻干粉和中药综合治疗后，反映服药后精神好转者占 93.9%；食欲增加占 86.8%；睡眠好转占 84.9%；能减轻化疗和放疗的副作用。

维也纳医院住院部应用辐射学科使用口服蜂王浆的办法来提高患者的抗辐射的能力，服用蜂王浆的患者对 X 射线的抵抗力增强，不发生后遗症，细胞朊水平提高，白细胞和红细胞的数量保持正常。

2006 年，捷克斯洛伐克学者报道运用基因工程方法，重组了蜂王浆蛋白 Apal,发现其能刺激巨噬细胞释放肿瘤细胞坏死因子（TNFa)。

蜂王浆既能在一定程度上抑制癌细胞和动物移植性肿瘤的生长，又能减轻癌症放疗和化疗的毒副作用，通过扶正固本增强机体免疫功能来促进癌症患者康复，其神奇作用令许多医生倍感惊奇。

九、抗病原微生物作用

《中华本草》中记载：蜂王浆对金黄色葡萄球菌、链球菌、变形杆菌、伤寒杆菌、星状发癣菌等有抗菌作用。低浓度仅可抑菌，高浓度则可杀菌。蜂王浆抗菌作用在 pH 为 4.5 时最强，pH 为 8.0 时完全消失。蜂王浆对结核杆菌、球虫、利什曼原虫、枯氏锥虫、短膜虫类也有抑制生长的作用；其药理试验表明：蜂王浆具有抗病原微生物的作用。

柴夫契斯基(1973 年)报道，蜂王浆具有减轻炎症作用，并使之修复。研究表明蜂王浆能激发炎症细胞兴奋，增强 LDH、SDH 和 NADH-细胞色素-还原酶的酶活性。蜂王浆有促进感染伤口的愈合作用。蜂王浆的醚溶成分表现出很强的抗菌活性，其中的 10-HDA 在被碱中和后仍保持抗菌活性。

十、抗风湿性关节炎及其他药理功用

《中华本草》和《中国动物药》都推荐将蜂王浆用于治疗风湿性关节炎。蜂王浆中的泛酸可改善风湿症和关节症状。

蜂王浆中含有丰富的蛋白质、氨基酸、维生素、酶类、脂肪酸、无机盐等营养物质，对各种营养不良患者均有良好的效果。蜂王浆作为营养品还被用于各种疾病的病后恢复，使恢复期大大缩短，并能有效预防旧病复发。

蜂王浆可以促进造血功能，临床上已用于辅助治疗贫血。蜂王浆中含有铜、铁等合成血红蛋白的原料，又有促进血液形成的维生素 B 复合体，能强壮人体造血系统，使骨髓造血功能兴奋。蜂王浆能改善贫血，使人红光满面，充满活力，对养颜美容有直接作用，而且，蜂王浆中丰富的维生素和多种无机盐能促进代谢，消除斑纹，超氧化物歧化酶（SOD）还具有抗氧化和杀菌消炎的作用。据古埃及历史记载，女王克里奥佩特拉用蜂王浆来帮助她保持健康和美丽，如今，蜂王浆已成为许多化妆品和护肤品中的特效成分。

日本医学博士松下敬一通过大量临床观察与食用事例发现，蜂王浆对更年期综合征有明显的功效。蜂王浆能调节和平衡人体的新陈代谢，中老年人服用蜂王浆，既可延缓更年期的到来，又可使更年期综合征的症状显著减轻甚至消失。此外，蜂王浆可以调节女性的生理机能，提高男性精子的活力，使男女的性机能得到加强或恢复。

蜂王浆不仅能预防和治疗口腔疾病，对皮肤病也有显著疗效。湖北医学院附属口腔医院李辉奉等用蜂王浆治疗复发性口疮 30 余例，疗效较好，有效率 84.6%，患者在治疗过程中普遍反映：食欲好，睡眠好，止疼迅速，溃疡期大大缩短。牛皮癣是比较顽固的皮肤病，临床上给患者舌下含服蜂王浆同时在患处轻轻涂抹蜂王浆软膏，能治愈和改善症状，有效率达 85%。

蜂王浆是一种高活性、成分复杂的天然食品，其食疗养生价值的开发备受青睐，中国营养学和抗衰老学奠基人，原中国营养学会郑集理事长（1900 年 5 月 6 日～2010 年 7 月 29 日，享年 111 岁）在介绍自己的养生之道时曾说过：“一直以来，我都坚持每天早上 5 点起床，花 1 小时自我全身按摩，达到舒筋活络、促进新陈代谢的目的。然后喝一杯蜂蜜水，服用一些冻干蜂王浆。”这体现了长寿的生物化学家郑集教授对蜂产品的厚爱。

中国首席健康教育专家洪昭光教授在“尊重科学，尊重循证医学”的报告中指出，蜂王浆对人体具有综合保健作用，不仅能够全面提高对人体健康最为重要的三个能力，免疫力、代偿能力和康复能力，而且能够延缓衰老。这是有确凿的动物实验、人体实验、临床观察证明的，世界公认。

第七章 抗菌消炎与血管的清道夫蜂胶

第一节 蜜蜂王国的天然药物蜂胶

蜂胶是工蜂从树木等植物特定部位，主要是新生枝芽或树皮上采集来的树脂、树液、植物色素和挥发油，并混入其上颚腺分泌物和蜂蜡等加工而成的芳香性胶状固体物。

图 7-1 蜜蜂采集树胶

蜂蜜、蜂花粉、蜂王浆是蜜蜂的食物，而蜂胶则是蜜蜂王国的药物，蜜蜂采集生产蜂胶是主要是为了抗菌、防腐、抵御病虫侵害。

Propolis（蜂胶）一词来源于古希腊语：系由 pro（在前）和 polis（城堡）这两个字组合而成意为“阻止入侵”，数千万年来，地球生物圈几经变迁，许多强悍的物种（如恐龙）均已灭绝，然而蜜蜂却作为一种社会性昆虫不断走向繁荣昌盛，蜂胶功不可没。

蜂胶具有多种生物学、生理学和药理学的活性，是珍贵的天然药材与养生佳品，其产量少，通常每群西方蜜蜂（五六万只）每年只能生产 50～100 克蜂胶（图 7-1），而东方蜜蜂尚未见生产蜂胶。

第二节 蜂胶的古代应用与现代开发

早在 3000 多年前，古埃及人已经认识蜂胶，记载在与木乃伊同期保存下来的有关医学、化学和艺术的纸草书中。

蜂胶在古代主要应用于外用疗伤，古罗马战士用蜂胶治疗战伤，两千多年前，古希腊科学家亚里士多德（公元前 384～前 322 年）观察蜂群时也发现蜂胶，他在传世名著《动物史》中称蜂胶为“木泪”，记述了蜂胶的来源和在蜂群中的作用，并指出蜂胶可用于治疗皮肤病、刀伤和化脓症。

1899～1902 年，英国在南非战争中用蜂胶与凡士林混合，作为手术后的外涂药。1978 年，房柱教授主持研发的口服蜂胶药物“蜂胶片”用于防治高脂血症，开创了口服蜂胶片防治疾病的先河，蜂胶也因其降血脂的神奇功效赢得“血管的清道夫”之美誉（图 7-2）。

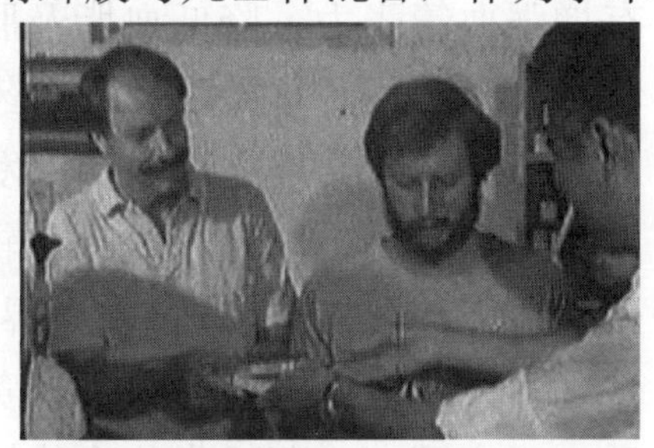

图 7-2 房柱教授将研发的蜂胶片和蜂胶专著赠与外国友人

近代蜂胶应用快速发展，从外用到口服，蜂胶养生治病的作用被人们广泛认同，蜂胶成分与功用的研究不断发展、萃取及生产工艺不断改进，蜂胶制品不断出新。

第三节 蜂胶的主要功效成分

蜂胶是个“天然小药库”，其所含成分的质量和含量却因产地的自然条件、胶源植物的不同而有差异，但综合来看，蜂胶中含有大约 55%树脂和香脂、30%蜂蜡、少量芳香挥发油和花粉等夹杂物。

人们从蜂胶中分离出多种化学成分，包含黄酮类、萜烯类及挥发油、酚酸类、氨基酸、维生素、微量元素等。

一、黄酮类物质含量高

蜂胶是总黄酮含量很高的天然物质之一，总黄酮是以黄酮、黄酮醇、双氢黄酮及双氢黄酮醇的形式存在于植物中，研究证明：黄酮类物质具有增强血管张力、降低血脂及胆固醇等作用。蜂胶中的黄酮类化合物的含量高于蔬菜、水果以及植物药材，因此被推荐为天然黄酮补充剂。

二、富含萜烯类物质及挥发油成分

萜烯类化合物是一类具有较强香气和生理活性的天然烃类化合物，多种多样，并广泛存在于自然界中，现已发现的萜烯类化合物超过 20 000 种之多，一些中药材如人参、黄芪等均含有其特殊生物活性的萜烯类物质。研究证实，萜烯类化合物通常具有抗肿瘤、调节血糖、抗菌等多种生物活性。

挥发油又称精油，是蜂胶蒸馏所得到的与水不相混合的挥发性油状成分的总称。其基本组成为脂肪族、芳香族、萜类，挥发油临床上有抗菌、消炎、止咳、平喘、发汗、祛风、镇痛、杀虫等功效。

三、酚酸类、氨基酸、维生素及微量元素

蜂胶中含有酚酸，如阿魏酸、肉桂酸、咖啡酸、安息香酸等多种酚酸，具有抗凝血、抗癌、免疫调节等功效。

蜂胶中还含有多种氨基酸，主要是精氨酸和脯氨酸，精氨酸对胰酶、ATP 酶具有激活作用，脯氨酸是组成胶原蛋白的成分。此外，蜂胶中还分析出多种维生素及微量元素。

第四节 不同产区蜂胶成分差异的研究

分布在世界各地的胶源植物有很多种，中国常见的胶源植物主要是杨柳科、松科、桦木科、柏科和漆树科等树种，以及桃、李、杏、栗、橡胶、桉树、向日葵等植物。英国的胶源植物以杨属为主；保加利亚以黄蓉花属、克鲁希亚木属、杨属为主；委内瑞拉以桦属、杨属、松属、李属、金合欢属树种和七叶树、克鲁希亚木为主；西澳大利亚以特有树种草树为主；夏威夷岛以夹竹桃科和杨属为主；波兰地区以桤木属树为主。

蜜蜂采自不同胶源植物的蜂胶，其中的成分及功用也存在一些差异。如欧洲和亚洲蜂胶含有许多黄酮类物质和酚酸酯，但巴西蜂胶的主要成分则是萜类化合物和ρ-香豆酸苯基衍生物。

我国区域辽阔，胶源植物种类丰富，分布也具有一定的规律性，房柱教授在与日本玉川大学的合作研究中，分析了中国不同胶源产区（黑龙江、内蒙古、河北、山东、陕西、甘肃、河南、湖北、四川、湖南、云南和海南）蜂胶提取物中的特有成分，同时还测定了各种蜂胶样本的总多酚和黄酮含量（图 7-3）。

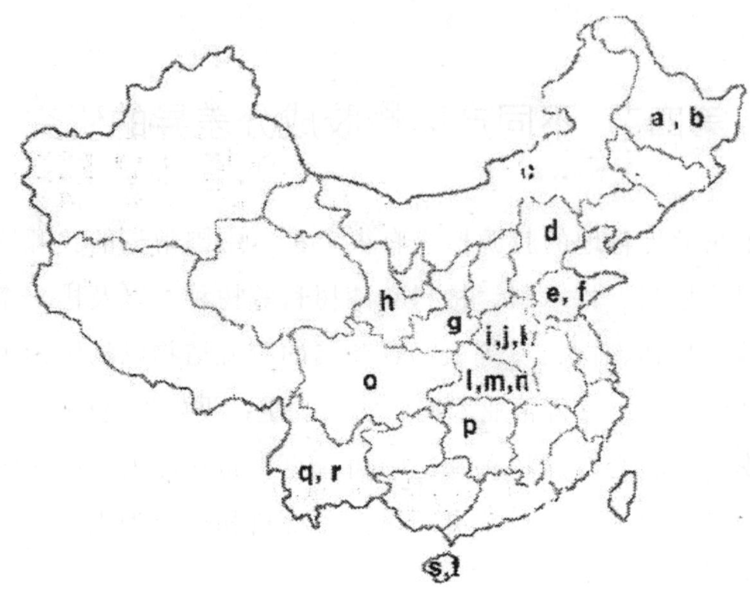

图 7-3 中国蜂胶采集区域

注：a,b,黑龙江；c,内蒙古；d,河北；e,f,山东；g,陕西；h,甘肃；i-k,河南；l-n,湖北；o,四川；p,湖南；q,r,云南；s,t,海南。

结果如表 7-1 所示，由于地理差异，不同地区胶源的成分和含量是有差异的。

河南（i）咖啡酸含量为所有地区中最高的，为 32.2 毫克/克。

黑龙江（a,b）的 ρ-香豆酸含量最高，为 40 毫克/克。

黑龙江（a）阿魏酸含量最高，为 5.3 毫克/克。

河南(i)3,4-二甲氧基肉桂酸含量最高,为 57.4 毫克/克，但是甘肃（h）的蜂胶中就不含有 3,4-二甲氧基肉桂酸。

短叶松素-5-甲醚存在于几乎所有的样本中，几乎所有样本中都有短叶松素，其中湖北(n)含量最高，为 76.5 毫克/克。

河南(i,k) 5-苯基-2,4-戊二烯酸含量最高，达 40 毫克/克。

陕西(g)咖啡酸苯乙酯含量最高，为 8.7 毫克/克。白杨素是蜂胶典型的黄酮类物质，普遍存在于所有蜂胶中，湖北(l)含量最高，但云南和海南蜂胶却没有；甘肃乔松素、高良姜精、短叶松素-3-乙酸酯含量最高；陕西(g)柚木柯因含量最高，为 42.7 毫克/克。与此同时，云南和海南蜂胶成分与其他地区蜂胶有明显差异，对于这两个地区蜂胶的有效成分待进一步研究。

表 7-1 不同地区蜂胶中各种成分及含量的差异

地　区	蜂胶中各种成分的含量（毫克/克）									
	咖啡酸	ρ-香豆酸	阿魏酸	短叶松素-5-甲醚	柚木柯因	5-苯基-2,4-戊二烯酸	咖啡酸苯乙酯	白杨素	乔松素	3,4-二甲氧基肉桂酸
河南（i）	最高 32.2					最高 40				最高 57.4
河南（k）						最高 40				
黑龙江（a）		最高 40	最高 5.3							
黑龙江（b）		最高 40								
甘肃（h）									最高 10	
陕西(g)					最高 42.7		最高 8.7			
湖北(l)								最高		
湖北(n)				最高 76.5						

蜂胶中酚化合物种类繁多，以黄酮类为主，含有丰富的黄酮类是蜂胶的最大特点，它们赋予了蜂胶许多奇妙而独特的生物学作用，黄酮类和其他酚类物质对癌症和心脏病有预防作用（表 7-2）。

表 7-2 蜂胶采集区、总多酚和黄酮含量

蜂胶	采集区	总多酚[a] (毫克/克蜂胶提取物)	总黄酮[b] (毫克/克蜂胶提取物)
a	黑龙江	226±5.4	76.2±8.8
b	黑龙江	291±7.3	81.1±2.0
c	内蒙古	284±5.9	159±2.1
d	河北	302±4.3	150±2.4
e	山东	265±3.3	133±4.4
f	山东	296±5.4	168±7.8
g	陕西	283±3.3	157±9.7
h	甘肃	229±7.1	188±6.6
i	河南	224±3.3	155±4.7
j	河南	229±7.1	142±5.0
k	河南	238±3.7	130±2.1
l	湖北	225±7.4	162±6.5
m	湖北	277±5.5	138±15.3
n	湖北	212±4.8	117±2.7
o	四川	166±9.8	109±1.6
p	湖南	194±2.9	155±6.1
q	云南	64.7±1.5	43.5±0.8
r	云南	42.9±0.8	8.3±3.7
s	海南	246±4.8	91.9±1.6
t	海南	240±5.9	93.8±1.2

[a] 总多酚含量由 Folin-Ciocalteu 方法测定。每个值是平均值±标准差。

[b] 黄酮含量由氯仿着色法测定。每个值是平均值±标准差。

表 7-2 指出了不同地区蜂胶提取物中总多酚和黄酮的含量，中国各地区蜂胶提取物中总多酚和黄酮含量差异很大，分别是 42.9～302 毫克/克和 8.3～188 毫克/克。如表 7-1 所示，除了云南地区以外，其他地区蜂胶总多酚含量较高，为 200～300 毫克/克。2004 年 Kumazawa 和 Hamasaka

等人就已报道称欧洲（保加利亚和匈牙利）与中国（河北、湖北和浙江）蜂胶提取物总多酚含量也接近200～300毫克/克。但是云南蜂胶提取物总多酚和黄酮含量远远低于其他地区。

蜂胶是自然界总黄酮含量最高的天然物质之一，蜜蜂在不同地区采集的蜂胶，由于胶源植物以及当地气候的不同，其成分的组成和含量是有差异的。

第五节 药典记载蜂胶的药用养生价值

近几十年来蜂胶的药用养生价值不断得到开发利用，其功用也被载入 2005 年版《中华人民共和国药典》和《中华本草》。

《中华人民共和国药典》由国家食品药品监督管理局批准颁布实施。药典 2005 年版是新中国成立以来第 8 版，在该药典一部第 249～250 页新载入蜂胶品种，记载蜂胶的主要功能有：抗菌消炎、调节免疫、抗氧化、加速组织愈合，可用于高脂血症和糖尿病的辅助治疗。2010 年第 9 版药典一部第 336～337 页记载蜂胶的性味、功能与主治有所拓展：补虚弱 ，可用于体虚早衰 ；外用解毒消肿，收敛生肌。用于体虚早衰，高脂血症，消渴；外治皮肤皲裂，烧烫伤。

国家卫生部、中医药管理局编著的《中华本草》在第 9 卷也记载蜂胶具有抗病原微生物、促进组织修复、改善心血管系统、保肝、抗肿瘤等七大药理作用。结合这两部医药典籍和相关报道，对蜂胶的药用养生价值浅析如下。

一、抗病原微生物、抗菌、抗病毒作用

蜜蜂采集生产蜂胶是为了抵御病菌、病毒、病虫的侵害。

蜂胶作为天然抗菌物质，据《中华本草》记载：蜂胶对多种细菌有抗菌作用，蜂胶制剂及蜂胶成分能抑制金黄色葡萄球菌、链球菌、沙门氏菌、变形杆菌、炭疽杆菌等 20 余种细菌。1975 年，房柱教授率先在《微生物学通报》发表《蜂胶对医学霉菌的抑菌试验》一文，证明蜂胶对我国常见 10 种浅部致病霉菌有较强抑制作用，对深部致病霉菌作用较弱或未显现。1995 年，在杭州举办的第 3 届国际蜂疗大会上，埃及学者报道了蜂胶对 4 种致病霉菌和 3 种致病菌的体外抗菌活性测定结果；2006 年在昆明举办的第 8 届国际蜂疗大会上，解放军第 302 医院药物研究所蔡

光明教授报道了蜂胶对两种念珠菌和包括绿脓杆菌、脑膜炎双球菌在内的5种致病菌的抑菌试验结果。

房柱教授在1999年版《蜂胶》（第84～87页）专列第4节"抗原虫作用"文献报道的蜂胶抗原虫作用涉及鞭毛纲、孢子纲和纤毛纲原虫。在2013年基辅举行的第43届国际养蜂大会上，印度尼西亚爱尔朗加大学James S Hutagalung等研究了蜂胶提取物的抗疟原虫活性。他们在BALB/c小鼠中接种疟原虫，并连续4天口服不同浓度的蜂胶提取物，肝脾组织病理学结果证实蜂胶醇提物能有效抑制寄生虫的繁殖，并很好地维持了肝脏、脾脏的功能，同时蜂胶提取物也能很好地增强机体免疫反应。

此外，蜂胶对多种病毒在感染前具有很好的抑制作用，1995年在杭州举行的第3届国际蜂疗大会上，南方医科大学陈恕仁教授报道通过鸡胚实验，证实蜂胶对流感病毒有较强的抑制作用。蜂胶与某些抗生素合用，可提高抗菌活性，延长作用时间。

蜂胶在体内实验证实有抗破伤风毒素作用，对A型流感病毒不仅在体外有灭活作用，而且对流感患者也有治疗作用。许多试验证明蜂胶还能抗脊髓灰质炎病毒、腺病毒、伪狂犬病毒、冠状病毒、日本血凝病毒(HVJ)等。

二、增强免疫作用

提高免疫力是蜂胶重要的药用保健价值。研究证实：蜂胶具有免疫调节功能，能明显增强巨噬细胞吞噬能力和自然杀伤细胞活性，增强抗体产量，显著增强细胞免疫功能与体液免疫功能，对胸腺、脾脏及整个免疫系统产生强有力的功能调整，提高机体的特异性和非特异性免疫功能。

众所周知，流行性感冒是因感染病毒引起的。一个人是否染上流感，与个人的免疫有关，蜂胶对流感病毒有灭活作用，同时能增强免疫力。

用蜂胶配合抗原注入小白鼠、大白鼠、豚鼠、家鼠、猪和牛犊体内，能促进机体的免疫过程。给小公牛注射副伤寒疫苗的同时加用蜂胶，能刺激免疫机能、刺激H-凝集素合成和O-凝集素的增生效应，增加抗体产量和增加巨噬细胞的活力。

蜂胶强化免疫的试验证明，蜂胶能刺激免疫机能，增加抗体生成量，增强吞噬细胞的活力，是一种天然的高效免疫增强剂。2001 年，在韩国大邱举办的第 6 届国际蜂疗大会上，日本德永勇治郎报道蜂胶对体液免疫、单核细胞和巨噬细胞功能均有增强作用。

三、调节血脂

蜂胶被称为“血管的清道夫”，其净化血液，降低血脂，防治高脂血症的功用早在 1975 年就被发现。房柱教授主持的蜂胶片治疗高血脂症的医药效用得到江苏省三所医学院与九所医院的实验和临床验证，例如：

苏州医学院朱道程教授在作“三种剂量蜂胶治疗高脂血症 319 例的临床疗效”总结报告时指出：蜂胶治疗高脂血症不论是大、中剂量组，还是小剂量组均有疗效，治疗前和治疗后的血胆固醇和甘油三酯含量均有非常显著差异，临床显效率、有效率和总有效率（显效＋有效）均逐月升高。大、中、小剂量治疗三个月后降胆固醇总有效率在 61.02%～89.81%；降甘油三酯总有效率为 79.03%～84.95%，同时还显示总有效率均随疗程延长而逐步增加。房柱教授率先报道用蜂胶片治疗高脂血症 45 例中，经治疗血脂降至正常的 6 例，停药后隔 20～45 天复查血脂均仍在正常范围内。显示蜂胶降血脂的疗效比较持久和稳定。

南京医学院宋正行副教授等系统观察蜂胶片治疗高脂血症 42 例，证明蜂胶片不仅在降低甘油三酯和胆固醇方面表现出良好作用，还有助恢复和提高高脂血症患者血清高密度脂蛋白百分比值，显示它具有防治血管壁胆固醇的沉积作用。

此外，花美君等（1991）给 160 例高黏滞血症服用蜂胶，服用前和服用 4 周后各分别检测全血比黏度、血浆比黏度、血沉和红细胞压积各一次，这些指标和临床症状均显示出良好效果。

四、保护肝脏作用

《中华本草》记载：给实验性高脂血症家兔喂蜂胶，在使血清甘油三酯降低的同时，显示肝内总胆固醇及胆固醇脂的含量也有降低。并通过大鼠动物实验提示，蜂胶对肝脏具有保护作用可能与其抗脂质过氧化作用有关。

蜂胶中富含黄酮、酚酸、萜烯类物质，可防止中性脂肪堆积和肝硬化的发生与发展，Gonzalez 等（1994 年）还曾在四氯化碳大鼠急性肝损伤模型上发现蜂胶有保肝作用。国内外学者对蜂胶护肝作用已有众多实验研究和临床观察，2001 年第六届国际蜂疗大会上，日本德永勇治郎报道蜂胶的护肝作用，2006 年在昆明举办的第八届国际蜂疗大会上，中国陈尚发报道蜂胶对化学性肝损伤保护作用的实验研究。

五、辅助治疗糖尿病

药典推荐蜂胶用于糖尿病的辅助治疗。蜂胶对糖尿病患者的养生有帮助，有研究表明，蜂胶中能够通过刺激和修复被损伤的胰岛 β 细胞，产生内源性胰岛素，从而降低血糖，国内外学者对蜂胶用于糖尿病的辅助治疗已有较多实验研究和临床观察。在第六届国际蜂疗大会上，德永勇治郎观察小白鼠糖尿病模型对血糖的影响，证明蜂胶具有调节血糖的作用；2004 年在四川乐山举办的第七届国际蜂疗大会上，江苏大学马海乐教授等报道了蜂胶调节血糖作用的实验研究，杭州商学院王南舟副教授报道了蜂胶对实验性糖尿病兔的治疗试验。

糖尿病能引起 100 多种并发症，使患者的生活质量急剧下降，甚至致残或死亡。医学证明，并发症种类虽多，但直接病因是血液循环、神经系统、代谢系统和免疫系统四个方面。天然物质蜂胶能够同时保护血管、改善血液循环，修复及营养神经，促进代谢，调节免疫等，可以有效预防多种糖尿病并发症的发生。

六、抗氧化作用

人到老年后，皮肤上会出现一种脂褐质色素斑块，人们称其为“寿斑”。现代医学研究结果表明，这个雅号名实不符，它并非长寿的标志。人上了年纪后，体内脂肪容易发生氧化，产生老年色素，不能排出体外，于是沉积在细胞体上，从而形成老年斑。老年斑越来越引起医学家们的关注。

蜂胶具有防止老化的效果，可以清除自由基、防止脂质过氧化，能抑制机体内物质的过氧化反应。长期以蜂胶为健康食品的人群，会使成年人黄褐斑和老人斑消退、延缓老人斑出现。

七、抗肿瘤作用

《中华本草》记载：口服蜂胶能明显延长荷瘤小鼠寿命，提高其存活率。

蜂胶中的萜烯类、黄酮类等物质具有抗癌活性，尤其是二萜类、三萜类、多倍萜类化合物，是抗白血病、抗肿瘤的主要成分，一些多糖类、甙类物质能强化免疫功能，对抗癌症患者放疗、化疗引起的副作用。萘醌类中的木脂素有抗肿瘤、抗病毒作用。

日本国立预防卫生研究所专家试验证明：蜂胶内的物质能抑制试管中的人体恶性肿瘤细胞在培养液中的增殖，给患子宫癌、胰腺癌、肝癌、胃癌、脑癌、直肠癌、乳腺癌、喉舌癌、淋巴癌、食管癌、鼻咽癌等患者服用蜂胶产品，数周后肿瘤都有不同程度的缩小。因此，蜂胶制品在日本很受欢迎。在第六届国际蜂疗大会上，德永勇治郎报道蜂胶抑制实验性肿瘤与抗癌药物 5-FU 进行比较，结果类同。

第八章 神奇的蜂针疗法

第一节 蜂毒治病由来已久

人类认识蜂毒，并利用蜂毒治病有着上千年的历史，对蜂毒疗法应用也积累了丰富的经验。

我国春秋时期就有关于蜂毒的记载，公元前 3 世纪成书的《左传》已讲到“蜂虿有毒”。蜂毒治病正是民间广为流传“以毒攻毒”的自然疗法。

蜂螫与蜂毒治病方法在欧美诸国流传亦广。古希腊科学家亚里士多德（Aristoteles，公元前 384～公元前 322 年）在他的动物学著作中记述了蜜蜂有螫刺。

1700 多年前，古罗马医学家盖伦（Galen）记载蜂毒可止痛等多种用途。西欧早期查理曼帝国的创始者查理大帝（742～814 年）和俄国沙皇Иван 四世（1530～1580 年）都曾应用蜂螫治好了痛风性关节炎。

1888 年《维也纳医学周刊》上发表奥地利医师菲利浦·泰尔奇（Philip Terc）《用蜂螫治疗风湿病 173 例》论文，1912 年奥地利医生鲁道夫·泰尔奇（Rudolph Terc）报道，666 例风湿病患者经蜂毒治疗，痊愈 544 人，有效 99 人。

现代医学研究应用蜂毒治病者遍及许多国家。1935 年美国出版贝克（B.F.Beek）博士的《蜂毒疗法》和 1941 年苏联出版阿尔捷莫夫（N.M.Artemov）教授的《蜂毒生理学作用和医疗应用》这两本著作以来，关于蜂毒研究和医疗应用的著述在全世界各地均有报道。

第二节 蜂毒的成分及医用价值研究

一、蜂毒的功效成分

蜂毒是蜜蜂工蜂毒腺和副腺分泌出的具有芳香气味的透明毒液，是一种成分复杂的混合物，已知蜂毒含有若干种肽、酶、生物胺等物质。

蜂毒液是肽的宝库，例如蜂毒肽、蜂毒明肽、MCD-肽、心脏肽、托肽平、安度肽等。蜂毒肽是蜂毒中的主要生物活性物质，约占干蜂毒的50%，有抗炎、抗癌和调节免疫功能等作用；MCD-肽是一种具有抗炎作用的活性成分；心脏肽是具有调节心血管作用的一种低毒多肽，可抗心律失常、增强心功能和具有 β-肾上腺素样活性；托肽平是一种对神经系统有调节作用的多肽；安度肽具有很强的止痛和抗炎作用；含组织胺肽被证实有辐射防护作用。

蜂毒中含有的胺类包括组织胺、儿茶酚胺和其他生物胺。蜂毒中的组织胺所起的作用主要是引起平滑肌和横纹肌的紧张收缩，使皮肤产生灼痛感，具扩张血管、降压等作用；儿茶酚胺类是蜂毒中重要的抗炎物质；蜂毒中含有的腐胺、精胺、精脒等其他生物胺，与致痛有关。

蜂毒中所含的酶类包括透明质酸酶、磷脂酶 A_2（PLA_2）等酶以及酶抑制剂。其中透明质酸酶具有很强的生物活性，参与蜂毒对组织的局部作用，促使蜂毒成分在局部渗透和扩散；PLA_2 能迅速水解磷脂酰磷脂，具有其他许多药理作用，并具有溶血、抗凝和纤溶活性。蜂毒中含有的酶抑制剂耐热，可保护透明质酸酶、PLA_2 和多种活性多肽不被蛋白酶分解。

此外，蜂毒中含有胆碱、甘油、磷酸、蚁酸、脂肪酸、脂类、碳水化合物和 19 种游离氨基酸。

二、蜂毒的药理与医药效用

蜂毒中所含有的肽类、胺类等成分具有广泛的医药价值。我国医药典籍记载蜂毒药理学作用，并推荐用于祛风除湿、止痛；主治风湿性关节炎、腰肌酸痛、神经痛、高血压等。

1. 蜂毒对于神经系统的影响，具有镇痛的作用，推荐用于多种痛症。

2. 蜂毒对于多种实验性炎症具抗炎作用，蜂毒被用来治疗风湿关节病症有悠久历史，近年来对蜂毒抗炎的有效成分及其作用机制进行了深入的研究表明，蜂毒中蜂毒明肽等是其主要的直接抗炎成分，以蜂毒肽为代表的另一些成分可对垂体-肾上腺皮质系统有明显的刺激作用，使皮质素释放增加而产生抗炎作用，而以 MCD-多肽为代表的成分本身既能刺激肾上腺皮质又能直接抑制炎症过程。

3. 对呼吸和心血管系统的影响研究表明，蜂毒对血压具有调节作用，推荐用于高血压的治疗。

4. 抗菌作用，蜂毒对革兰阳性和阴性细菌皆有抑制和杀灭的作用，据报道，蜂毒肽有明显的抗菌作用，其对结核杆菌、伤寒杆菌、链球菌、枯草杆菌等均有抗菌作用。

5. 蜂毒对多种植物及动物肿瘤有一定的抑制作用，其作用的原理可能与其普遍抑制生长旺盛组织的代谢有关。

此外，文献中还记录了蜂毒对免疫功能、对平滑肌作用的影响、蜂毒溶血、抗凝和纤溶作用、抗辐射作用，以及蜂毒肽对于内分泌系统具有促进脑垂体分泌 ACTH 等的药理作用。

三、蜂毒过敏的研究

蜂毒的药性：味辛、苦，性平，有毒。蜂毒的局部毒性表现为人的皮肤受蜂螯后，受螯部位立即出现肿胀、充血，皮肤温度升高 2～6℃。大量临床研究表明，蜂毒能否对人体致敏主要取决于人体对蜂毒的敏感性，研究发现，对蜂毒高敏性的人血中具有较高浓度的 IgE，而 IgG 浓度较低；相反，经常受蜂蜇而无不良反应者血中 IgG 浓度较高，而 IgE 浓度较低。

养蜂人其中绝大多数人都不会对蜂毒产生过敏，他们可同时耐受数

十、数百只蜜蜂蜇刺而没有任何中毒症状。但经受蜂蜇或注射蜂毒制剂引起过敏的病例屡有报道，蜂蜇常见过敏性症状有荨麻疹、全身痒、关节酸痛、发热，甚至出现过敏性休克。

因此，对需要利用蜂毒治疗的患者，在治疗前须调查既往蜂蜇史及做皮试观察，以判断是否过敏。对蜂毒过敏的人，不宜接受蜂毒治疗。

第三节 具有东方特色的蜂毒疗法——蜂针疗法

针灸起源于中华，经络学说是中国古代一大发明。“蜂针疗法”是在蜂毒蜂螫治病的基础上，结合传统的经络学说、针灸医术发展而成的，具有东方特色，所以称为具有东方特色的蜂毒疗法——“蜂针疗法”。

中国传统医学的脏腑、经络学说和针灸医术，以及当代对蜂毒成分和活性的药理研究，为“蜂针疗法”创立与发展奠定了基础。

一、蜂毒疗法结合经络学说发展为“蜂针疗法”

早在新石器时代以前，中国古人已学会用石器和火治疗某些疾病，逐渐导致一些具有特殊治疗作用的部位——穴位的发现。大约在殷商时期，制作的金属针用于治病。人们在针刺治病的过程中发现了针刺穴位时出现的循经感传现象以及针刺治愈远距离脏器疾病的现象，约在战国时期以前，中国人创立了经络学说。

经络学说是中医学用以解释人体生理、病理现象，指导临床实践的基础理论之一。其形成和发展，与中国独特的医疗保健方法如针灸、推拿等的应用有着密切的关系，它是来源于医疗实践，又是指导中医临床实践的重要理论，也是针灸、蜂针疗法的理论核心。

经络是人体气血的通道，包括经脉和络脉，其中纵行干线为经脉，由经脉分出网络全身各个部位的分支称为络脉。近人为了临床应用方便，将经络分为十四经脉。十四经脉主全身气血运行，营气行于脉中，卫气散布脉外。体表的皮肤按经络来分区，称作皮部，人体经络皮部划分为十四皮部，十四皮部各自通过所分布的络脉、经脉与其本经络分布范围的内脏及组织器官相联系。

经络感传现象指感觉沿经络循行路线传导或循经出现的各种皮肤反应，这种现象可在某些人身上因刺激穴位而产生。经络感传一般呈带状、线状或放射状，其感传与经络主干的分布基本相符，并可呈双向性传导。近代根据皮部理论，系统总结出“经络诊断法”，即循经观察皮部出现的丘疹、溃疡、皮丘带、色素沉着、皮肤结节和硬度、皮肤感觉异常、发汗带以及经穴电阻、电位、温度变化等，作为诊断脏腑疾病的一种方法。

与古籍《灵枢·官针》中记载的毛刺、扬刺、浮刺等浅刺的针法一样，蜂针是一种浅层次刺激皮部治疗疾病的方法。利用蜂针刺激经络皮部和针刺穴位类同，能促进卫气布散，营气运行，营卫气血畅通无阻，则人体内部的虚实得以自动调节，脏腑功能获得和谐，阴阳获得平衡，各组织器官的抗病能力和抑病物质获得提高，就能达到扶正祛邪的目的。

临床实践证明，利用蜂针刺激皮部后，其疼痛部位压痛阈值明显增加，局部血管容积脉搏波动的幅度亦有明显升高，提示其镇痛、消炎与改善病所血液循环有关。用蜂针刺激皮部，必然激起皮部的络脉功能活动，通过经络联系，由表及里，气血通畅，使病所血液循环改善，既能使代谢旺盛，瘀血消散，又能减少致痛物质、致炎物质；同时随着蜂毒的输注，蜂毒明肽、蜂毒肽、MCD-多肽等抗炎、抑痛物质的增加，可使患部疼痛和炎症减轻或消失。

二、蜂针疗法也是一种针灸技法

针灸起源于中华，3000 多年前人们对药物的认识尚少，针灸医术是中国医学的主体。《黄帝内经》分为《素问》和《灵枢》两部分：《素问》是医经，治疗方法多用针灸；《灵枢》是针经，记录经络穴位、针灸理论和实践，并按针形和功效将针具分为九针，《灵枢·官针》载：“凡刺有九，应以九变。”从而提出“病不同针，针不同法”的辨证施治原则。而蜂针属于中国古代九针中的一种，蜂针疗法中的散刺法与梅花针、七星针的应用均属于多针浅刺的毛刺。

“蜂针疗法”将蜂毒与刺灸法相结合，也属中国针灸医术的一种，蜂针既给人体以机械刺激，同时自动注入皮内的适量的蜂毒有多种药理作用，是针、药、灸三结合的复合型刺灸法。

中国的蜂毒疗法不仅采用针刺，还将蜂螯器官用于药灸，方以智（1611～1671年）《物理小识·卷五》记载了“药蜂针”的配方和外治用法。

现代蜂毒研究有外用的蜂毒解痛膏和蜂肽穴位贴、房氏蜂肽油、蜂毒离子导入等无痛无损伤蜂针疗法。

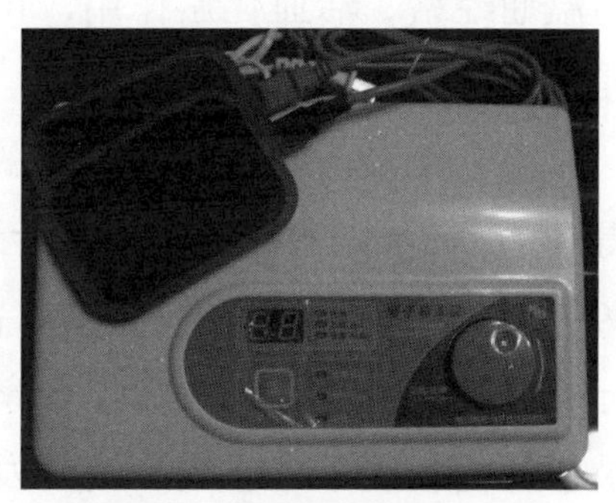

图 8-1 API 离子导入仪

蜂毒离子导入法是借助离子导入仪中非对称中频电流产生的电场，对蜂毒离子产生定向的推动力，使蜂毒中的有效成分更深入、更有效地透过皮肤黏膜进入人体，作用于患部病灶，具有消炎、消肿、镇痛、疏经通络、松解粘连、调节和改善局部循环的作用，能缓解和消除由于骨质增生压迫或刺激造成的神经根麻木、刺痛等症状，用于祛风除湿和止痛，主治风湿性关节炎、腰肌酸痛、神经痛、高血压、荨麻疹、哮喘、中风后遗症等（图 8-1）。

三、蜂针疗法及特点

20 世纪 50 年代以来，房柱教授根据“辨证施治”的原则，以蜜蜂螯器官为针具按传统的中医经络穴位开展不同手法的针刺以防治疾病，取得显著疗效，从而开创了具有东方特色的蜂毒疗法——“蜂针疗法”。

千百年来蜂螫治病、蜂毒疗法广为流传，采用活蜂螯刺时蜂螯疼痛和局部反应常人难以耐受，而蜂针疗法的出现通过蜂针散刺法将一只蜜蜂的蜂毒分注 5～7 个点乃至十几个点，活蜂螯刺的痛痒难忍的副反应大大减轻。

蜂针疗法效果神奇。蜂针疗法是一种针、药、灸三结合的复合型刺灸法，具有一针三用的特点。一方面，蜂针属于中国古代九针的一种，刺入穴位后能起到疏通经络、调和气血作用。更重要的是蜂刺能将蜂毒输入人体内，而蜂毒内含有数十种活性物质，如酶类、多肽类等，其作用于人体的神经、内分泌系统、心血管及免疫等系统，起到抗炎、止痛等多种药理作用。蜂针刺后局部有红肿，可改善微循环，促进机体新陈代谢，类似灸法的温通经络、活血化瘀作用，可防病治病、养生保健。

图 8-2 百病蜂针疗法

几十年来，房柱教授创立的“蜂针疗法”得到了广泛的应用，经治的患者达万人以上。1981 年，中央新闻纪录电影制片厂摄制并发行彩色纪录影片——《蜂疗专家房柱》，记录了房柱教授早年研究应用开发利用蜂毒、蜂产品的事迹。中国中央电视台（CCTV）先后拍摄了《蜂疗》、《以毒攻毒》、《蜂毒的另类用途》等多档节目，报道了蜂针疗法为强直性脊柱炎患者解除病痛、肝硬化和晚期癌症经蜂针疗法有效控制病情、存活期逾 6~18 年的病例（图 8-2）。

据多年临床经历，有些经蜂针治愈的关节炎、哮喘、高血压患者，经过 30 多年、40 年均没有复发，相信在不久的将来，蜂针疗法将为更多患者解除病痛，造福人类。

第九章 蜂巢与蜂子的药食养生价值

第一节 蜂子久服令人光泽好颜色

蜜蜂的发育经过卵、幼虫、蛹和成虫四个阶段，幼虫和蛹的阶段统称为蜂子，蜂子味道鲜美，营养丰富，作为营养食品历史悠久。

2300年前，《礼记·内则》有帝王贵族以蜂宴客的“爵鷃蜩蠭（蜂）”，记载蜂子作为帝王贵族的食物。《本草纲目》也有记载：“蜂子，即蜜蜂子头足未成时白蛹也，古人以充馔品。”著名医学家苏颂著《本草图经》说：“今处处有之，即蜜蜂子也。在蜜脾中如蚕蛹而白色，岭南人取头足未成者油炒食之。”

此外，蜜蜂子高蛋白、低脂肪，含多种维生素和微量元素，长期食用具有悦颜之功用，《神农本草经》记载“久服令人光泽，好颜色，不老”，《本草经集注》也有“将蜂子酒渍后敷面令人悦白”的记载。

1985年，《中国养蜂》杂志第3、4期连载房柱教授《蜜蜂幼虫的开发利用》文章。

第二节 蜂巢的药用价值与蜂蜡的应用

蜂巢由蜜蜂分泌蜂蜡建成，也称“蜜蜂房”，是存放食物的仓库也是蜜蜂幼虫的住宅。蜂巢是令人惊叹的神奇天然建筑物。蜂巢是严格的六角柱形体，18 世纪初，法国学者马拉尔奇曾经专门测量过大量蜂巢的尺寸，令他感到十分惊讶的是，这些蜂巢组成底盘的菱形的所有钝角都是 109°28′，所有的锐角都是 70°32′。后来经过法国数学家克尼格和苏格兰数学家马克洛林从理论上的计算，如果要消耗最少的材料，制成最大的菱形容器正是这个角度。从这个意义上说，蜜蜂称得上是“天才的数学家兼设计师”。

蜂巢作为一种中药，最为突出的功用即为治疗慢性鼻炎，据《中华本草》记载，蜜蜂房 3～7 平方厘米，每日 3 次，慢慢咀嚼，吮其汁液，把最后剩下的渣子吐掉，1 个月左右可以治愈鼻炎、鼻窦炎。中药“鼻炎宁冲剂”就是由蜂巢制成，可用于慢性鼻炎，慢性鼻窦炎，过敏性鼻炎的治疗。

蜂蜡的应用十分广泛，由于蜂蜡本身有益肌肤，其乳化后不仅与油互溶，还可以使油与其他配料结合在一起，所以蜂蜡是高级化妆品普遍使用的原料之一；蜂蜡没有矿蜡中的有毒有害成分，食品医药工业也有广泛的应用，可用作食品涂料、包装和外衣，也用作为中药丸剂的外壳，此外，用蜂蜡制成的高档蜡烛，无毒无害，深受人们的青睐。

利用加热熔化的蜂蜡作为温热的介质将热能传至机体，达到润肤和防治疾病的“蜂蜡疗法”比西医理疗科开展的“石蜡疗法”早 1000 多年，并且无石蜡所含杂质的副作用。1990 年，《蜜蜂杂志》第 5、6、7 期连载了房柱教授推荐“蜂蜡疗法”的系列文章。

附录 房柱教授蜂疗养生66年纪事

1．1956年7月，在南京东郊麒麟门外向蜂农请教养蜂技术，购买一群意大利蜜蜂，带至连云港淮北盐场工人疗养院饲养，并开始蜂疗实验研究和临床应用。

2．1957年12月，在《中国养蜂》杂志第12期发表《蜂毒疗法概述》，综述蜂毒的医药应用，呼吁蜂业界开发利用蜂毒资源。

3．1958年2月14日，在中国《人民日报》发表《蜜蜂——健康之友》文章，倡导普及蜂疗保健。1959年4月，房柱教授时任中国农业科学院养蜂研究所特约研究员、江苏省连云港市蜜蜂医疗研究室主任，率先在我国开展蜂王浆的成分、药理与临床功能研究。1959年7月，中国农业科学院养蜂研究所印行《蜜蜂——健康之友》单行本，内附养蜂所组织的“王浆、蜂毒研究协作座谈会纪要”。

4．1959年2月12日，房柱有关中国蜂毒疗法俄文稿曾在约里什(N.P.Yoirish)主持召开的莫斯科首届医疗养蜂业专业会议上发表(见俄文《养蜂业》杂志1959年第6期50~52页)，苏联约里什副博士在他的著作《蜜蜂与健康》（1961年版）、《蜜蜂——会飞的药剂师》（1966年版）和《蜜蜂与医学》（1974年版）先后引用这篇文稿。

5．1959年8月，在中华医学总会编辑出版的《人民保健》杂志和《中华皮肤科杂志》分别发表《蜂毒治疗慢性病》和《蜂胶治疗皮肤病》论文。在这篇蜂毒论文中，房柱率先提出结合中国传统的经络穴位开展蜂针疗法。房柱被聘为中国农业科学院养蜂研究所特约研究员，1959年9月，这两篇论文由养蜂所收编入《王浆、蜂毒、蜂胶医疗性能的研究资料》。

6. 1959年11月16日，应邀赴杭州，在全国养蜂研究协作会议上作《养蜂副产品的医疗价值》专题报告。受李俊所长、周崧主任委托，撰写《蜜蜂——健康之友》简明文稿，同年12月24日，朱德委员长视察养蜂所时作为呈报资料之一。1960年1月16日朱德元帅亲自写信给党中央、毛主席，倡导发展养蜂业，热情赞誉蜜蜂是“人类健康之友”。

7. 1960年，赴北京出席全国文教卫生群英会，应周恩来总理邀请参加大会举行的国宴。

8. 1962年9月，赴杭州在中国昆虫学会养蜂学术讨论会上发表《蜂毒与疟疾》论文，房柱通过鼠疟实验研究(1958年11~12月)和人体间日疟临床观察(1959~1961年)，证明蜂毒对疟疾无临床治疗价值，对前人的报道提出异议，倡导要科学地评价疗效。

9. 1965年，通过小白鼠和家犬进行蜂毒对中枢神经系统影响的初步实验，证明蜂毒具有镇静安眠功效(后来收载1980年印行的《蜜蜂产品在医药、食品和化妆品应用方面论文资料集》国内分册第14~17页)。

10. 1975年，在《微生物学通报》发表《蜂胶对医学霉菌的抑菌试验》，推荐用蜂胶治癣和皮肤霉菌病。

11. 1978年，因蜂疗研究业绩出席江苏省科学大会获江苏省科技成果奖，出席全国科学大会获“在科学技术工作中做出重大贡献的先进工作者”荣誉称号和奖励。应邀到中央电视台社教部作蜂疗保健科普讲座。出席全国科学大会期间，与马德风代表共同倡议筹组中国养蜂学会，任学会筹委会副主任。

12. 1978年9月，在南斯拉夫Portoroz召开的国际蜂疗学术会议上发表《蜂胶医疗效用的研究》报道了蜂胶抗霉菌、治高脂血症和银屑病的观察结果，房柱率先将外用的蜂胶成功地做成内服片剂用于治疗高脂蛋白血症等。论文(英文，附法、德、俄、西班牙文摘要)作为首篇载入该会刊，并全文发表于国际养蜂联盟用英、法、德、俄、西班牙文出版的《蜜蜂动态》1979年第1期。

13．1979 年 7 月，出席在北京通县召开的中国养蜂学会成立和代表大会，房柱当选学会副理事长；至 1999 年 11 月，连任中国养蜂学会第 1~4 届副理事长。

14．1979 年，在《中国养蜂》杂志第 3 期发表《蜂胶的医疗效用》。

15．1980 年 10 月，经江苏省人民政府苏政复 116 号文件批准在连云港成立蜂疗专业机构，后来成立连云港市蜜蜂医疗研究所、市蜂疗医院，房柱任所长、院长。

16．1980 年 11 月 1~5 日，在连云港市主持召开全国蜂产品利用学术讨论会（一），中国养蜂学会蜂产品医疗专业委员会成立（房柱、周崧为主任），马德风理事长等学会领导出席。并编印《蜜蜂产品在医药、食品和化妆品应用方面论文资料集》两册（计 36.4 万字）（其中抽印本：房柱编著《蜂胶的研究与医药应用》），部分论文收载于北京农业出版社 1982 年 2 月版《养蜂论文选集》。

17．1981 年，在《中国养蜂》杂志第 1 期发表《蜂毒抗辐射效应研究初报》（与陶毓顺合著）。

18．1981 年，房柱主持研制的蜂胶片防治高脂血症的功效被江苏省三所医学院、九家医院验证和确认，蜂胶片获药政准字批号，蜂胶和蜂胶片被收载于《江苏省药品标准》。

19．1981 年 4 月，在《兽医科技杂志》发表《蜂胶在兽医中的应用》专论，向畜牧兽医界推荐蜂胶。

20．1981 年，北京中央新闻纪录电影制片厂摄制并发行《蜂疗专家房柱》彩色纪录影片的汉语和英语拷贝。

21．1982 年，在《中国养蜂》杂志第 1 期发表《蜂胶质量的初步分析》文章。

22．1982 年 7 月 22~26 日，在江苏连云港主持召开蜂产品资料编审和情报调研会，1982 ~1985 年编译《蜂产品文摘》，印行 8 期，共计 24 万字。

23. 1982年，房柱应约撰写《蜜蜂与人体健康》参加北美蜂疗学会年会交流，全文发表于《北美蜂疗学会论文集》第5卷17~23页，并与美国知名的蜂疗活动家查尔斯·姆拉兹先生开始了专业交往。

24. 1983年1月~1986年11月，在连云港主办全国蜂产品讲习班3期，全国新型营养源蜂花粉讲习班和全国蜂产品质量检测讲习班各1期。中国科学院学部委员、著名中医药学家叶橘泉教授出席1984年9月在连云港市蜂疗医院率先举办的全国蜂花粉讲习班并讲课。

25. 北京农业出版社出版的《养蜂丛书》中，房柱著《蜂胶》1984年8月、《花粉》1985年5月先后出版。

26. 1984年10月，中国养蜂学会在北京举行第2次代表大会，年过八旬的李振纲教授从武汉过来参会，《蜜蜂杂志》1985年第1期封3图7是连任学会副理事长的房柱与李振纲、吴燕如教授在会间交谈。推荐花粉养生的中国食品工业协会高级顾问于若木也出席本次大会。

27. 1985年，在《国外畜牧学——蜜蜂》第1、2期发表《花粉对人体的保健作用》，综述蜂花粉开发利用的现状和研究成果。

28. 1985年5月8~10日，在江苏连云港市蜂疗医院主持召开中国养蜂学会蜂疗学术研讨会（二），连任第2届蜂疗专业委员会主任。

29. 1985年，因蜂疗研究业绩江苏省政府授予劳动模范称号，获江苏省政府颁发苏北有功科技人员一等奖，中华全国总工会授予“全国优秀科技工作者”称号和“五一劳动奖章”。

30. 1985年8月，中央卫生部前副部长黄树则教授视察连云港蜂疗医院，亲笔题写蜂疗医院院牌、“蜜蜂——健康之友”、“蜂产品与蜂疗”、“蜜蜂与医药”等。

31. 1985年，在《中国养蜂》杂志第3、4期发表《蜜蜂幼虫的开发与利用》，呼吁在中国应广泛开发蜂王幼虫和雄蜂幼虫的加工利用。

32. 1986年4月，中国养蜂学会印行房柱编著《蜂毒的研究与医药应用》11万字，由黄树则教授题写书名，中国药学会名誉理事长蔓焰教授等作序。

33．1986 年 4 月、1991 年 10 月，应日本埼玉养蜂（株）和日本蜂针疗法研究会邀请，房柱 2 次赴日讲学交流，访问日本玉川大学蜜蜂科学研究所等单位。

34．房柱主持的江苏省科技开发项目“蜂王浆冻干制品”于 1984 年通过鉴定，1986 年在《中国养蜂》杂志第 6 期发表《蜂王浆冻干制品的工艺》，公布工艺。

35．1986 年，房柱主持研制、与南京药学院制药厂合作完成的注射用蜂毒获药政准字批号，原料蜂毒和注射用蜂毒被收载于《江苏省药品标准》。

36．1986 年 12 月～1990 年 3 月，在连云港市蜂疗医院主办中国养蜂学会蜂疗培训班第 1~7 期。

37．1987 年 1 月~1990 年 1 月，主持编印《蜂产品与蜂疗》报第 1~17 期。

38．1987 年 5 月 8~10 日，中国生物化学会和中国养蜂学会在连云港市联合举办蜂毒专题讨论会（《蜂产品与蜂疗》报 1987 年第 5 期曾有专版报道）。

39．1987 年，应约在《蜂针》（日文）杂志第 14 期发表《中国蜂针疗法源流纪略》。昭和 62 年~平成元年，在深泽光一著日文版《蜂针健康法》、《蜂胶健康法》和《蜂王浆的奇迹》中发表房柱的特约专稿。

40．1987 年 6 月，房柱去北京会见时年 70 岁的美国维尔蒙特养蜂家伯顿·诺普时，曾邀蜂学著名作家、年逾古稀的诸葛群先生作陪，并共进晚餐（见《蜂产品与蜂疗》报 1987 年第 6 期图文）。

41．1987 年 7 月，英国伦敦瑞吉娜公司 Irene Stein 经理一行 7 人来访，房柱去北京在酒店里接待她们，回答有关蜂王浆的蜂疗养生作用等问题，并摄制了彩色纪录片《蜂王在中国》。

42．1988 年，因蜂疗研究业绩被授予“江苏省有突出贡献的中青年专家”称号。

43. 1988 年 5 月，采访江苏省农科院离休干部 92 岁的陈伯年，他当场赋诗：“出生一八九七，二十六年食蜜，虽已年届耄耋，超人记忆称奇。精神超脱欢畅，近年加服王浆，生活规律如常，百岁老翁在望。”见《蜂产品与蜂疗》报 1988 年 6 月第 12 期头版《蜜蜂寿星》栏，存采访录音。

44. 1989 年 4 月 2~4 日，在安徽巢湖市主持召开中国养蜂学会蜂疗学术讨论会（三），连任第 3 届蜂疗专业委员会主任。

45. 1989 年 11 月，中国养蜂学会在武汉举行第 3 次代表大会，房柱连任第三届副理事长。会前顺访华中农业大学蜂学与昆虫学教授李振纲，他虽然慢性病缠身，用蜂王浆保健二十余年，享年 92 岁（《热心蜂学的长寿教授李振纲访谈感》载《蜜蜂杂志》2014 年第 3 期，存访谈录音)。

46. 1990 年 2 月，中央电视台农业科教中心在连云港市蜂疗医院和蜂疗研究所摄制并在全国播放“蜂疗”节目。

47. 1990 年 3 月，房柱院长途经河北邯郸市，年逾 92 岁的养蜂前辈王博亚连夜从乡间搭车来宾馆接待访谈。王老一头黑发不秃顶，腰不弯，背不驼，精神矍铄，行动敏捷，记忆力强，思维清晰，语音洪亮。他养蜂 64 个年头，40 多年食用王浆蜜，享年 94 岁。作为养蜂人家的主妇，夫人申九兰在王老去世时已 98 岁（《蜜蜂寿星、中华蜂翁王博亚访谈》载《蜜蜂杂志》2013 年第 11 期，存访谈录音)。

48. 1990 年 12 月，经江苏省卫生厅高级职务评审委员会评定，房柱获主任医师正高职称资格（江苏省卫生厅专业技术职务任职资格证书第 216 号）。

49. 1990 年 5~7 月，在《蜜蜂杂志》第 5、6、7 期发表《蜂蜡疗法》。

50. 1990 年 10 月 6~8 日，在四川成都主持召开中国养蜂学会蜂疗临床学术研讨会（四）。

51. 1990 年 12 月～1992 年 10 月，在安徽巢湖市主办中国养蜂学会蜂疗培训班第 8~11 期。

52．1991 年 1 月、1993 年 2 月，应韩国养蜂协会、韩国针疗法研究会和韩国养蜂学会邀请，房柱 2 次赴韩国大邱、光州、俗离山讲学交流。中国大陆学者 1991 年 1 月应邀访韩讲学，时在中韩建交之前，《美国医学新闻》曾作报道。

53．1991 年 5/6 月日本出版的《蜂针》(P166) 称连云港市蜂疗医院为世界首创蜂疗医院。

54．1991 年 11 月 12 日，在山东济南市南郊宾馆主持召开首届国际蜂疗保健和蜂针学术研讨会（IAHBI），会议成立了国际蜂疗保健和蜂针研究会（IAHBA），房柱、太田直喜（日）、朴昌浚（韩）当选正副会长。《日本养蜂新闻》1991 年 11 月 503 期头版及时作了报道：发表图文消息和社论，以及会后访问连云港市蜂疗医院图文，恳亲会文中称房柱为蜂疗之父。《中国毒素研究通讯》1992 年第 1 期也作了 IAHBA 成立的报道。

55．1991 年 11 月 13～21 日，与南京国际针灸培训中心合办第 1 届国际针灸蜂针研修班，为韩国蜂针研究会和中国台湾省蜂针研究会培训骨干力量。

56．1991 年 1 月，房柱主编《蜂胶》，由山西科学技术出版社出版。

57．1992 年 10 月，因蜂疗研究业绩获中华人民共和国国务院颁发的特殊津贴（政府特殊津贴第 9320702 号）。

58．1992 年 6 月，在新加坡国际会展中心国际中医药展览会上，展出蜂毒搽剂房氏蜂肽油，并交由新加坡天荣公司总经销。

59．马来西亚《文汇报》记者采访连云港蜂疗研究所后，1992 年 7 月 1 日出版的该报第 40 版中华风采整版用 10 幅图文介绍奇异的蜂疗和 IAHBA 的成立。

60．1992 年 10 月~1993 年 5 月房柱 2 次应邀赴马来西亚十六个大、中城市主持蜂胶和蜂疗保健讲座。1993 年 5 月，该国《光明日报》、《诗华日报》、《南洋商报》和《新明日报》等均称誉房柱教授为“蜂胶之父”。

61．1993 年 3 月，应中国台湾省养蜂协会邀请，赴中国台湾大学昆虫馆和中国台湾省蚕蜂改良场等地作专题演讲和考察交流。

62．1993 年 5 月 23 日，房柱应邀在中国香港作蜂疗保健讲座。

63．1993 年 6 月，房柱、张碧秋著《中国蜂针疗法》，由人民卫生出版社出版。

64．1993 年 6 月，《中国农业百科全书·养蜂卷》由北京农业出版社出版，房柱为蜂产品加工及医疗保健分支学科首席主编。同年 7 月，农业出版社出版了《中国蜂业》文集（为迎接第 33 届国际养蜂大会，上篇有英文版），房柱撰写了上篇 79～85 页第五章蜂疗保健和下篇 269～271 页中国台湾蜂业两章。

65．1993 年 9 月 18~19 日，在江苏南京金陵饭店主持召开第 2 届国际蜂疗大会暨国际蜂产品保健博览会（IAHBII），88 岁高龄的美国蜂疗活动家查尔斯·姆拉兹先生偕同美国蜂疗学会会长波拉德·维克斯博士一行 20 余人出席 IAHBII。波拉德·维克斯会长给大会致祝词并授予房柱美国蜂疗学会名誉会员标牌。张鑫铭博士代表印度尼西亚传统医药针灸协会赠呈纪念牌。有 8 个国家两百多位代表出席，发表论文 41 篇。大会纪要和 41 篇汉字论文摘要载于《养蜂科技》1995 年增刊《中华蜂疗保健》专刊。

66．1993 年 9 月 20～26 日，与南京国际针灸培训中心合办第 2 届国际针灸蜂针研修班。

67．1993 年 12 月，被聘为云南农业大学东方蜜蜂研究所客座教授。

68．1993 年 3 月～1994 年 3 月，在南京主办中国养蜂学会蜂疗培训班第 12~14 期。

69．1994 年 8 月，中国台湾青春出版社出版房柱著《蜂针疗法》一书，刊出 1993 年房柱院长赴中国台湾讲学交流的彩照六幅。

70．马来西亚《光明日报》记者采访过连云港蜂疗研究所，1994 年 8 月 24 日该报第 7 版世界搜奇整版用 7 幅图文介绍该所蜂疗的发展。

71．1994 年 10 月 10~12 日，在河南开封主持召开中国养蜂学会蜂疗学术研讨会（五），连任第 4 届蜂疗保健专业委员会主任。

72．1994 年 10 月、1995 年 3 月，在河南开封主办中国养蜂学会蜂疗培训班第 15～16 期。

73．1994 年 11 月，中国养蜂学会在重庆举行第 4 次代表大会，房柱教授连任第 4 届副理事长。

74．1995 年 3 月，被聘为南京中医药大学客座教授。

75．1995 年 9 月，房柱教授等主编出版《中华蜂疗保健》专号，收载 1979～1992 年中华蜂疗保健文摘 419 篇、1991～1993 年国际港台专业活动彩图和房柱在韩国、中国台湾的讲稿等（《养蜂科技》杂志 1995 年增刊）。

76．1995 年 12 月，因蜂疗研究和应用被授予“江苏省名中西医结合专家”称号。

77．1995 年 11 月 25～26 日，房柱教授在杭州市浙江宾馆主持召开第 3 届国际蜂疗大会暨 95 年国际蜂产品保健博览会（IAHB III）。有 7 个国家 150 多位代表出席，发表论文 50 篇。大会印发会刊收载英、汉文论文摘要。

78．1995 年 11 月、1996 年 3 月，在浙江杭州主办中国养蜂学会蜂培训班第 17、18 期。

79．1996 年 11 月 8~10 日，在河北石家庄主持召开中国养蜂学会蜂疗保健专业学术研讨会（六）。

80．1996 年 11 月、1997 年 3 月，在河北石家庄主办中国养蜂学会蜂疗培训班第 19、20 期。

81．1997 年，日本养蜂家冈田一次教授八十八寿辰，房柱教授撰文并题词志庆（图文见日本《蜜蜂科学》杂志 1997 年第 3 期）。冈田教授享年 90 岁。

82．1997 年 10 月 20~21 日，房柱教授第 4 次应邀赴日本，在东京雪松宾馆主持召开第 4 届国际蜂疗大会暨国际蜂产品保健博览会（IAHB IV）。有亚、欧、非、澳四大洲近 300 位代表出席，发表论文 36 篇。91 岁的岸野宪一夫妇出席大会，更有 93 高龄的代表在晚餐时唱歌。大会印发会刊论文摘要集，会后印行大会纪要和英、汉文论文摘要集。

83．1997 年 11 月、1998 年 3 月，在江苏镇江主办中国养蜂学会蜂疗培训班第 21、22 期。

84．1998 年 8 月，与南京医学院附属医院合办第 3 届国际蜂疗针灸研修班。

85．1998 年 10 月~11 月，在湖北武汉主办中国养蜂学会蜂疗培训班第 23 期。

86．1998 年 11 月 3~5 日，在湖北武汉主持召开第 7 次中国养蜂学会蜂疗学术研讨会，连任第 5 届蜂疗保健专业委员会主任。

87．1999 年 3 月、11 月，在南京主办中国养蜂学会蜂疗培训班第 24、25 期。

88．1999 年 7 月 2~3 日，赴马来西亚吉隆坡，在唐宫酒店主持召开第 5 届国际蜂疗大会暨国际蜂产品保健博览会（IAHB V）。当年疯牛病流行，仅有亚、澳两洲代表出席，大会印发会刊英、汉文对译的论文摘要集。

89．1999 年 7 月 4~10 日，在马来西亚麻坡中华同学会举办第 4 届国际蜂疗保健研修班。

90．2000 年 11 月 7~8 日，在河南开封主持召开第 8 次全国蜂疗保健学术研讨会和中国养蜂学会蜂疗保健专业委员会立二十周年庆典，印发会刊论文摘要集；11 月 8 日上午，与河南中医学院联办的中医蜂疗大专班举行开学典礼。

91．2000 年 3 月~2002 年 3 月，在河南开封主办中国养蜂学会蜂疗培训班第 26~30 期。

92．2001 年 11 月 12~13 日，房柱教授第 4 次应邀赴韩国，在大邱

INTER-BURGO 会议厅主持召开第 6 届国际蜂疗大会暨蜂产品保健博览会(IAHB VI)和 IAHBA 成立 10 周年庆典。大会有亚、欧、澳三大洲近 400 位代表出席，发表论文 46 篇，大会印发会刊论文摘要集。会后刊除英、汉、日、韩四文对译的开会辞、祝词和 46 篇论文摘要外，加入纪要等、封 4 用大会和会后参观彩照 6 幅、封面用 IAHB I 彩照 1 幅。

93．2002 年 9 月，房柱主编《当代蜂针与蜂毒疗法》，由山西科学技术出版社出版。

94．2002 年 10 月，在陕西西安主办中国养蜂学会蜂疗培训班第 32 期。

95．2002 年 10 月 22~23 日，在西安主持召开第 9 次中国养蜂学会蜂疗保健专业大会，印发会刊论文摘要集。

96．2002 年 8 月~2003 年 11 月，在江苏南京主办中国养蜂学会蜂疗培训班第 31、33～35 期。

97．2003 年 3 月，被聘为福建农林大学蜂疗研究所兼职教授。

98．2003 年 10 月，河南科学技术出版社出版张中印、陈崇羔主编《中国实用养蜂学》，房柱撰写第十五章《蜜蜂与医学》，约 15 万字。

99．2003 年 10 月，率中国海峡两岸首届中医蜂疗大专学员赴吉隆坡中医学院受业，并参加毕业典礼。同期举办第 5 届国际蜂疗保健研修班，并赴泰国清迈专业考察。

100．2003 年 11 月，第 6 次赴韩国，在釜山大学出席韩国蜂疗保健研究会第 20 次总会和 23 次研修会，韩、汉文祝词载会刊第 15~18 页。

101．2004 年 1 月 20 日~2 月 2 日，随中国中医药学会团队出访中国香港、新加坡、马来西亚、泰国和中国澳门。

102．2004 年 2、5 月，先后在马来西亚自然疗法中心、环蜂有限公司和蜜蜂研究所举办第 6、7 届国际蜂疗保健研修班。

103．2004 年 6 月，在四川成都主办中国养蜂学会蜂疗培训班 36 期。

104．2004 年 6 月 28～29 日，在四川成都乐山主持召开第 7 届国际蜂疗大会暨蜂产品保健博览会（IAHB VII）。有7个国家和地区178位代表出席，发表论文61篇。大会印发会刊收载汉、英、日、韩文论文摘要55篇；闭幕晚宴上，兼贺IAHBA副秘书长清水进一先生米寿（即88岁，他享年96岁），当年96岁的中国蜂业寿星贺明哲先生（享年103岁）赠给“寿”字条幅；会后刊封页加入彩图17幅、大会纪要和蜂产品保健博览会获奖产品名录等。

105．2004年8月~2005年11月，在江苏镇江主办中国养蜂学会蜂疗培训班第37～40期。

106．2005年1月，在新加坡API Nutrition Centre和马来西亚蜜蜂研究所举办第8届国际蜂疗保健研修班。

107．2005年4月27日，在新加坡主持召开国际蜂疗和蜂产品协会(IABPS)第一次代表大会，房柱当选为会长。

108．2005年9月，中央电视台走进科学栏目在连云港摄制并在第10套和第1套节目播放“以毒攻毒（蜂针疗法）”。

109．2005年11月3～5日，在江苏镇江主持召开第10次全国蜂疗保健专业大会暨中国养蜂学会蜂疗保健专业委员会成立25周年庆典，印发彩封会刊。

110．2006年4月，在云南创办昆明市西山养生蜂疗保健研究所，并任所长。

111．2006年4月、10月，在云南昆明主办中国养蜂学会蜂疗培训班第41～42期。

112．2006年11月4～6日，在昆明市云南大学科学馆主持召开第八届国际蜂疗大会暨蜂产品保健博览会（IAHB VI）。有亚、欧、非三大洲代表出席，大会印发会刊收载汉、英文论文摘要39篇，会刊收载房柱教授从事蜂疗养生50年纪事96项。会后刊封页加入彩图21幅、大会纪要和蜂产品保健博览会获奖产品名录等信息。

113．2006年11月6日晚，中国养蜂学会蜂疗保健专业委员会换届选举，年逾古稀的房柱教授连任第 6 届蜂疗保健专业委员会主任，新选出 7 位副主任。

114．2006 年 11 月 7~8 日，在昆明举办第 9 届国际蜂疗保健研修班（主题是癌症、肝病与蜂疗）。

115．接受中国中央电视台采访，在 2007 年 2 月 CCTV-7《科技苑》栏目《蜂毒的另类用途》节目中，介绍了蜂疗进展和肝硬化、弥漫性肝癌、晚期肺癌等经综合蜂疗获得 5 年以上持久疗效的案例。

116．2007 年 5 月，在甘肃兰州主办中国养蜂学会蜂疗培训班第 43 期，来自澳洲研修生参学。

117．2007 年 11 月，在河南开封主办中国养蜂学会蜂疗培训班第 44 期。

118．2007 年 11 月 7~8 日，在河南开封主持召开第 11 次全国蜂疗保健专业大会，印发彩封会刊论文摘要集；会后帮助 47 位蜂疗同仁获得了国家卫生部人事司验印的反射疗法师职业资格证书。

119．2007 年 12 月 22 日~2008 年 1 月 8 日，在昆明市西山养生蜂疗保健研究所接待来自伊斯坦布尔的两位西方医学博士研修东方蜂疗和针灸医术，进行汉、英双语教学。

120．2008 年 2 月 29 日~3 月 2 日，与 IABPS 秘书长 Koh Johnson 先生同赴泰国清迈考察第 9 届国际蜂疗大会会址，并与亚洲养蜂联合会主席 Siriwat Wongsirr 教授会晤。

121．2008 年 9 月 22 日，应邀赴北京出席日本埼玉养蜂株式会社建社百年庆典晚宴，代表中方人士即席演讲，并书赠七律贺诗（贺诗和汉、日文演讲稿载《埼玉养蜂株式会社 100 年纪念册》，6~8 页）。

122．2008 年 10 月，在江苏南京主办中国养蜂学会蜂疗培训班第 45 期。

123．2008 年 11 月 1~4 日，在浙江杭州出席亚洲养蜂大会，房柱等人发表《中华养生蜂疗保健导论》（汉、英文载大会论文摘要集，第 257

页），在博览会展区展示中国养蜂学会蜂疗保健专业委员会活动简况和国际蜂疗保健专业活动简况（IAHBA & IABPS）。

124. 2008 年 11 月 26 日，应邀偕同 IABPS 秘书长 Koh Johnson 先生赴泰国清莱，出席皇太后大学建校 10 周年庆典（泰文报道和照片载《泰国传统医药和替代医学杂志》2008 年第 6 卷第 3 期 265 页；英文《蜂疗保健浅说》载该刊 303~312 页）。

125. 2009 年 2 月 12~15 日，我方一行 4 人应邀赴泰国清莱，出席皇太后大学作养生蜂疗保健专题演讲和技法演示（英文《独特的多种蜂疗法》载泰国《健康法研究杂志》2009 年第 3 卷第 1 期 4~10 页）。

126. 2009 年 3 月 7~9 日，出席在福建福州举行的全国蜂产品信息交流会，会见各地专业同仁和中国台湾大学何恺光教授一行。

127. 2009 年 7 月 6~8 日，W.Siriwat 教授偕同在泰王国承担绿色蜂产品开发项目的 Ben 先生回访和观摩蜂疗技法，在昆明世纪城接待。

128. 2009 年 11 月 11~14 日，泰王国皇太后大学第 9 届国际蜂疗大会，有中、泰、日、韩、新、美、印尼、马来、印、比、尼泊尔、老挝 12 国代表出席，大会印发英文会刊论文摘要集。中国代表大会前后在缅甸、老挝参观和在泰国美斯乐访问寿星将军雷雨田。会后刊封页加 25 幅彩图和大会纪要等、中国作者的论文加汉文摘要。

129. 2009 年 12 月，出席福州首届蜂疗高峰论坛，房柱教授被中国民间中医药研究开发协会选为中医蜂疗研发专委会首席名誉主任。

130. 房柱、房冰在《中国蜂业》2010 年第 4 期 49~52 页发表《中华蜂养生概说》。

131. 2010 年 4 月 10~11 日，访问云南省水富县逾百岁的蜂业寿星贺明哲。

132. 2010 年 4 月 17~20 日，在北京国家会议中心三楼学术报告厅蜂宝万里行仪式上讲话、访问周崧和逾百岁的蜂业寿星马德风夫人。

133. 2009 年 11 月、2010 年 12 月，在昆明举办第 10 届国际蜂疗研修A、B班。

134．2010年10月、12月在广州举办第11届国际蜂疗保健研修A、B班。

135．2010年12月17~19日，出席福州首届海峡两岸蜂疗高峰论坛暨中国养蜂学会蜂疗保健专业委员会成立30周年庆典。2010年12月《中国蜂业》出版了专刊，封面用房柱年轻时照片（从“蜂疗专家房柱”彩色纪录片中下载）。

136．2011年3月、8月在广州举办第12届国际蜂疗保健研修A、B班。

137．2011 年4月、12月，在泰国芭堤雅举办第12届国际蜂疗保健研修A、B班（A班图文消息载《中国蜂业》2011年6月上旬刊第7页）。

138．在《中国蜂业》2012年第4期48~49页发表《务实兴蜂七十年——纪念马德风同志逝世五周年追忆二三事》和《访蜜蜂寿星马李氏》。

139．2012年 6月，中国养蜂学会蜂疗保健专委会在河南开封换届，第7届专委会主任由学会副理事长兼任，年逾75周岁的房柱教授被选为第7届首席名誉主任。

140．2012年10月，带领13位蜂疗同仁赴中国澳门出席第6届世界自然医学大会（有八篇论文收载大会会刊），房柱教授在大会上对蜂疗养生PPT做了提示，中国南京房蜂堂蜂产品公司展出蜂疗养生图片和产品（纪要图文载《蜜蜂杂志》2012年11期，46~47页）。

141．在《蜜蜂杂志》2012年第12期发表《苏东坡、苏局仙与蜂疗养生》。

142．2012年12月，江苏科学技术出版社出版房冰编著的《蜜蜂与养生——记房柱教授蜂疗养生55年》，含彩色图片插页22页。

143．2013年5月25日在福州出席首届国际蜂疗论坛、第2届海峡两岸蜂疗高峰论坛暨庆祝福建省养蜂学会成立30周年、福建农林大学蜂疗研究所和福建蜂疗医院成立20周年庆典，房柱教授在大会上对汉、英文蜂疗养生 PPT 做了提示（纪要图文载《蜜蜂杂志》2013 年第 7 期 40 页）。

144. 2013 年 5 月 27 日，是中国高校蜂学奠基人龚一飞教授八十八寿辰，房柱教授前往福州祝贺，现已年逾 90 健在（《龚一飞教授米寿志庆》载《蜜蜂杂志》，2013 年第 7 期）。

145. 2013 年 10 月 26~28 日，房柱教授带领 12 位蜂疗同仁赴安徽铜陵出席第 7 届世界自然医学大会（有 8 篇论文收载大会会刊），房冰作《自然医学中利用蜂产品养生》大会报告；房柱教授作为第 2 届理事会执行委员出席 10 月 26 日晚的世界自然医学会联合总会理事会、27 日下午 2~4 时主持了学术报告会。

146. 房柱教授在《蜜蜂杂志》2013 年第 6、7、8、9、10、11 期发表《著名中医药学家关注蜂疗养生——叶橘泉教授呼吁开发蜂花粉和蜂产品的故事》等文章 8 篇。

147. 2014 年 2 月，原工作地江苏省连云港市老龄协会和市总工会联合编辑出版了《光影留痕——别忘了他们》摄影集，第 12 页全页刊出房柱教授照片并有文字说明。

148. 房柱教授在《蜜蜂杂志》2014 年第 1、2、3、5、7、8、9、11、12 期发表《国家医药卫生部门领导认同蜂疗养生》和《蜂王浆及其冻干制剂的蜂疗养生作用》等蜂疗养生文稿 9 篇。

149. 2014 年 11 月 16 日，房柱教授出席了中国蜂疗保健网在郑州举行的蜂疗养生学术研讨大会开幕式并致辞；后与河南职业技术学院张中印副教授、开封市蜂疗医院薛院长商讨 2016 年蜂疗聚会事。

150. 2015 年 6 月 17 日，房柱教授出席了在福州举办的海峡两岸蜜蜂及蜂疗研讨会（是 2015 年海峡科技专家论坛分会场之 7），并以中国养蜂学会蜂疗保健专委会荣誉主任身份致辞（《蜜蜂杂志》2015 年第 8 期 46 页报道了概况）。

151. 房柱教授在《蜜蜂杂志》2015 年第 5、7、9 、11 期发表蜂疗养生文稿 4 篇。

152．2015 年 11 月 7 日，房柱教授赴无锡出席第九届世界自然医学大会，房冰作《自然医学 · 蜜蜂医疗》的大会报告。

153．2015 年 11 月 17~27 日，应土耳其蜂疗协会邀请，房柱教授偕英语翻译陈娜前往土耳其出席马尔马里斯 2015 国际蜂疗和蜂产品论坛，并发表《中国蜂疗养生概论》演讲。与欧洲同仁、西亚和非洲蜂疗协会代表人进行交流（《蜜蜂杂志》2016 年第 2 期 43~44 页报道了概况）。

154．2015 年 11 月 28 日，房柱教授在北京访问蜜蜂寿星诸葛群（《蜜蜂杂志》2016 年第 1 期 45~46 页报道了概况）。

155．2016 年 7 月，房柱教授亲赴西藏与农牧科学院作专业交流，年逾八旬的房柱教授常服房蜂堂蜂花粉，步态轻盈地登上布达拉宫（《蜂花粉抗高原反应和治疗心脑血管病》文见《蜜蜂杂志》2016 年第 10 期 44~45 页）。

156．2016 年 10 月底，在河南开封主持召开第 10 届国际蜂疗养生大会暨蜂产品博览会，10 月 30 日晚出席大会的蜂疗同仁和房教授学生们为房柱教授举行蜂疗养生 60 周年和 80 寿辰庆寿活动（大会通知见《蜜蜂杂志》2016 年第 5 期增页 8、《中国蜂疗保健网》和《中国蜂业》杂志第 6 期广告增页 3）。

157．2017 年，以反映我国蜂疗专家房柱教授及房冰先生致力于蜂疗养生事业，发展蜜蜂全产业链，中国中央广播电视总台 CCTV10 拍摄并播放了专题节目《与蜜蜂为伴》，专题报道房柱、房冰父子两代人的蜂疗哲学，向公众传递蜂疗养生的科学依据，讲述一个蜂疗世家薪火相传，毕生致力于蜂疗科学的人生故事。

158．2018 年，由民革中央、政协江苏省委主办、南京市人民政府承办的“健康中国发展大会”在南京市溧水经济技术开发区盛大召开，全国人大常委会副委员长、全国政协副主席等三位副国级领导莅临大会，房柱教授创办的南京房蜂堂公司荣膺为大会重点产业项目。

159. 2019 年，房柱教授荣获由中共中央、国务院、中央军委颁发的中华人民共和国建国 70 周年纪念奖章，并在中国养蜂学会 40 周年庆典活动上荣获全国蜂业终身成就奖。

160. 2021 年，在中国共产党建党 100 周年之际，房柱教授荣获由中共中央颁发的光荣在党 50 年纪念奖章，在第 1 届国际蜂疗联合大会（JIAC）上，荣获由全球蜜蜂医学联盟颁发的国际蜂疗终身成就奖。

后 记

现代社会中，患有慢性疾病的老人以及处于亚健康状态的青壮年人群不断增加，保养生命、增进健康，日益受到关注，人们将视野转移到自然界，对于一些回归自然的日常饮食调养、运动、理疗等传统养生方法愈加重视。

编者提出“人养蜂，蜂养生”的理念，就是人类亲近自然、回归自然的一种养生方法，体验养蜂活动，感受蜜蜂精神，食用天然活性蜂产品，养护生机，增强生命活力。

两千年前，人类对蜂巢加以照看，通过野生采集获取天然蜂产品，人与蜜蜂互惠互利，和谐发展。“人养蜂”就是通过自然养蜂活动与体验，陶冶情操以养心、适度活动以养形，注重蜜蜂生态，收获洁净、自然、纯正、活性的原生态蜂产品。

“蜂养生”则是在继承前人利用蜂产品养生实践的基础上，结合现代蜂疗养生的研究成果，科学的取食与应用蜜蜂产品防病治病，保健调养。蜂疗养生注重因人、因时、因症的“辨证施治”、“审因施养”的原则。

“人养蜂，蜂养生”作为一种回归自然的养生方式，实现了人与蜜蜂、自然的和谐统一，符合中华民族先贤们提出的“天人合一、道法自然”之社会哲理，相信随着社会的发展，人民生活水平与养生意识的不断提高，一定会不断发展充实，造福人类。

主要参考文献

1. 房柱主编.花粉（养蜂丛书）.北京:农业出版社，1985.

2. 房柱.中华蜂疗保健.养蜂科技增刊，1995.

3. 房柱主编.蜂胶(蜂疗保健丛书).太原:山西科学技术出版社,1999.

4. 国家中医药管理局《中华本草》编委会编著.中华本草.上海:上海科学技术出版社，1999.

5. 房柱主编.当代蜂针与蜂毒疗法.太原：山西科学技术出版社，2002.

6. 张中印，房柱主编. 蜂产品与健康美容.郑州：河南科学技术出版社，2005.

7. 房柱，孙丽萍，张中印.中华养生蜂疗保健导论.第 9 届亚洲养蜂大会会刊，2008.

8. 国家药典委员会编著.中华人民共和国药典（2010 年版）.北京：中国医药科技出版社，2010.

9. 郭芳彬编著.蜂产品医疗保健 500 问.北京:中国农业出版社,2005.

10. 房柱.国家医药卫生部门领导认同蜂疗养生.蜜蜂杂志，2014，1.

11. 房柱.苏东坡、苏局仙与蜂疗养生.蜜蜂杂志，2012，12.

12. 李海燕，吴杰主编.蜜蜂生生不息一亿年的奥秘.北京：中国轻工业出版社，2007.

13. 王开发编著.花粉营养成分与花粉资源利用.北京：农业出版社，1993.

14. 王开发编著.花粉营养价值与食疗.北京：化学工业出版社，2009.

15. 王开发.我国常见八种花粉的功效探索.蜜蜂杂志，2010，12.

16. 吴粹文，张复兴.贮存温度和时间对蜂王浆中葡萄糖氧化酶(GOD)

活性影响的研究.中国养蜂杂志，1990.

17. 唐朝忠，原有禄.温度对蜂王浆超氧化物歧化酶活力的影响.中国养蜂杂志，1999.

18. 唐维坤，何昆云，杨蕾.云南花粉临床前毒理、药理研究结论综述.第 4 届国际蜂疗大会会刊，1997.

19. 唐维坤，何昆云，杨蕾，等.花粉对造血功能的实验研究.第 9 届国际蜂疗大会会刊，2009.

20. 孙长颢主编，营养与食品卫生学.北京:人民卫生出版社，2012.

21. 中国保健协会主编.本草纲目养生中草药.北京:高等教育出版社，2012.

22. 董捷主编.蜂蜜与人类健康.北京:中国农业出版社，2014.

23. 石艳丽主编.蜂花粉与人类健康.北京:中国农业出版社，2014.

24. 田文礼主编.蜂王浆与人类健康.北京:中国农业出版社，2014.

25. Mok-Ryeon Ahn, Fang Zhu. Antioxidant activity and constituents of propolis collected in various areas of China. Food Chemistry，2007(101)：1383～1392.

26. Derrick c. Wan, Stefanie L. Morgan. Honey bee royalactin unlocks conserved pluripotency pathway in mammals. Nature Communications 9,Article number:5078(2018) .